U0291338

国家出版基金项目
NATIONAL PUBLICATION FOUNDATION

中国传统村落保护与发展
系列丛书

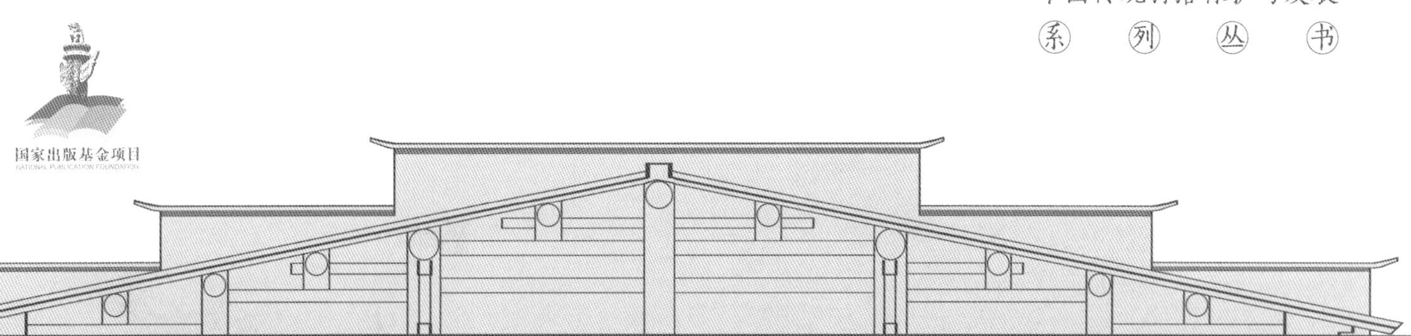

赣中地区传统村落规划改善和功能提升

——湖洲村传统村落保护与发展

郝之颖　钱　川　王　军　等编著

中国建筑工业出版社

编委会

总编委会

本册编委会

主编：

郝之颖　钱　川　王　军

参编人员：

杨　开　张　帆　王玲玲

审稿人：

单彦名

总　序

传统村落，又称古村落，指村落形成较早，拥有较丰富的文化与自然资源，具有一定历史、文化、科学、艺术、经济、社会价值，应予以保护的村落。

我国是人类较早进入农耕社会和聚落定居的国家，新石器时代考古发掘表明，人类新石器时代聚落遗址70%以上在中国。农耕文明以来，我国形成并出现了不计其数的古村落。尽管曾遭受战乱和建设性破坏，其中具有重大历史文化遗产价值的古村落依然基数巨大，存量众多。在世界文化遗产类型中，中国古村落集中国古文化、规划技术、营建技术、工艺技术、材料技术等之大成，信息蕴含量巨大，具有极高的文化、艺术、技术、工艺价值和人类历史文化遗产不可替代的唯一性，不可再生、不可循环，一旦消失则永远不能再现。

传统村落是中华文明体系的重要组成部分，是中国农耕文明的精粹、乡土中国的活化石，是凝固的历史载体、看得见的乡愁、不可复制的文化遗存。传统村落的保护和发展就是工业化、城镇化过程中对于物质文化遗产、非物质文化遗产以及传统文化的保护，也是当下实施乡村振兴战略的主要抓手之一，更是在新时代推进乡村振兴战略下不可忽视的极为重要的资源与潜在力量。

党中央历来高度关注我国传统村落的保护与发展。习近平总书记一直以来十分重视传统村落的保护工作，2002年在福建任职期间为《福州古厝》一书所作的序中提及："保护好古建筑、保护好文物就是保存历史、保存城市的文脉、保存历史文化名城无形的优良传统。"2013年7月22日，他在湖北鄂州市长港镇峒山村考察时又指出："建设美丽乡村，不能大拆大建，特别是古村落要保护好"。2013年12月，习近平总书记在中央城镇化工作会议上发出号召："要依托现有山水脉络等独特风光，让城市融入大自然；让居民望得见山、看得见水、记得住乡愁。"2015年，他在云南大理白族自治州大理市湾桥镇古生村考察时，再次要求："新农村建设一定要走符合农村的建设路子，农村要留得住绿水青山，记得住乡愁"。

传统村落作为人类共同的文化遗产，其保护和技术传承一直被国际社会高度关注。我国先后签署了《关于古迹遗址保护与修复的国际宪章》(威尼斯宪章)、《关于历史性小城镇保护的国际研讨会的决议》、《关于小聚落再生的宣言》等条约和宣言，保护和传承历史文化村镇文化遗产，是作为发展中大国的中国必须担当的历史责任。我国2002年修订的《文物保护法》将村镇纳入保护范围。国务院《历史文化名城名镇名村保护条例》对传统村落保护规划和技术传承作出了更明确的规定。

近年来，我国加强了对传统村落的保护力度和范围，传统村落已成为我国文化遗产保护体系中的重要内容。自传统村落的概念提出以来，至2017年年底，住房和城乡建设部、文化部、国家文物局、财政部、国土资源部、农业部、国家旅游局等相关部委联合公布了四批共计4153个中国传统村落，颁布了《关于加强传统村落保护发展工作的指导意见》等相关政策文件，各级政府和行业组织也制定了相应措施和方案，特别是在乡村振兴战略指引下，各地传统村落保护工作蓬勃开展。

我国传统村落面广量大，地域分异明显，具有高度的复杂性和综合性。传统村落的保护与发展，亟需解决大多数保护意识淡薄与局部保护开发过度的不平衡、现代生活方式的诉求与传统物质空间的不适应、环境容量的有限性与人口不断增长的不匹配、保护利用要求与经济条件发展相违背、局部技术应用与全面保护与提升的不协调等诸多矛盾。现阶段，迫切需要优先解决传统村落保护规划和技术传承面临的诸多问题：传统村落价值认识与体系化构建不足、传统村落适应性保护及利用技术研发短缺、传统村落民居结构安全性能低下、传统民居营建工艺保护与传承关键技术亟待突破，不同地域和经济发展条件下传统村落保护和发展亟需应用示范经验借鉴等。

另一方面，随着我国城镇化进程的加快，在乡村工业化、村落城镇化、农民市民化、城乡一体化的大趋势下，伴随着一个个城市群、新市镇的崛起，传统村落正在大规模消失，村落文化也在快速衰败，我国传统村落的保护和功能提升迫在眉睫。

在此背景之下，科学技术部与住房和城乡建设部在国家“十二五”科技支撑计划中，启动了“传统村落保护规划与技术传承关键技术研究”项目（项目编号：2014BAL06B00）研究，项目由中国建筑设计研究院有限公司联合中国城市规划设计研究院、华南理工大学、西安建筑科技大学、四川美术学院、湖南大学、福州市规划设计研究院、广州大学、郑州大学、中国建筑科学研究院、昆明理工大学、长安大学、哈尔滨工业大学等多个大专院校和科研机构共同承担。项目围绕当前传统村落保护与传承的突出难点和问题，以经济性、实用性、系统性和可持续发展为出发点，开展了传统村落适应性保护及利用、传统村落基础设施完善与使用功能拓展、传统民居结构安全性能提升、传统民居营建工艺传承、保护与利用等关键技术研究，建立了传统村落保护与发展的成套技术应用体系和技术支撑基础，为大规模开展传统村落保护和传承工作提供了一个可参照、可实施的工作样板，探索了不同地域和经济发展条件下传统村落保护和利用的开放式、可持续的应用推广机制，有效提升了我国传统村落保护和可持续发展水平。

中国建筑设计研究院有限公司联合福州市规划设计研究院、中国城市规划设计研究院等单位共同承担了“传统村落保护规划与技术传承关键技术研究”项目“传统村落规划改造及民居功能综合提升技术集成与示范”课题（课题编号：2014BAL06B05）的研究与开发工作，基于以上课题研究和相关集成示范工作成果以及西北和东北地区传统村落保护与发展的相关研究成果，形成了《中国传统村落保护与发展系列丛书》。

丛书针对当前我国传统村落保护与发展所面临的突出问题，系统地提出了传统村落适应性保护及利用，传统村落基础设施完善与使用功能拓展，传统民居结构安全性能提升，传统营建工艺传承、保护与利用等关键技术于一体的技术集成框架和应用体系，结合已经开展的我国西北、华北、东北、太湖流域、皖南徽州、赣中、川渝、福州、云贵少数民族地区等多个地区的传统村落规划改造和民居功能综合提升的案例分析和经验总结，为全国各个地区传统村落保护与发展提供了可借鉴、可实施的工作样板。

《中国传统村落保护与发展系列丛书》主要包括以下内容：

系列丛书分册一《福州传统建筑保护修缮导则》以福州地区传统建筑修缮保护的长期实践经验为基础，强调传统与现代的结合，注重提升传统建筑修缮的普适性与地域性，将所有需要保护的内容、名称分解到各个细节，图文并茂，制定一系列用于福州地区传统建筑保护的大木作、小木作、土作、石作、油漆作等具体技术规程。本书由福州市城市规划设计研究院罗景烈主持编写。

系列丛书分册二《传统村落保护与传承适宜技术与产品图例》以经济性、实用性、系统性和可持续发展为出发点，系统地整理和总结了传统村落保护与发展亟需的传统村落基础设施完善与使用功能拓展，传统民居结构安全性能提升，传统民居营建工艺传承、保护与利用等多项技术与产品，形成当前传统村落保护与发展过程中可以借鉴并采用的适宜技术与产品集合。本书由中国建筑设计研究院有限公司陈继军主持编写。

系列丛书分册三《太湖流域传统村落规划改造和功能提升——三山岛村传统村落保护与发展》作者团队系统调研了太湖流域吴文化核心区的传统村落，特别是系统研究了苏州太湖流域传统村落群的选址、建设、演变和文化等特征，并以苏州市吴中区东山镇三山岛村作为传统村落规划改造和功能提升关键技术示范点，开展了传统村落空间与建筑一体化规划、江南水乡地区传统民居结构和功能综合提升、苏州吴文化核心区传统村落群保护和传承规划、传统村落基础设施规划改造等集成与示范，对集成与示范成果进行编辑整理。本书由中国建筑设计研究院有限公司刘晓峰主持编写。

系列丛书分册四《北方地区传统村落规划改造和功能提升——梁村、冉庄村传统村落保护与发展》作者团队以山西、河北等省市为重点，调查研究了北方地区传统村落的选址、格局、演变、建筑等特征，并以山西省平遥县岳壁乡梁村作为传统村落规划改造和功能提升关键技术示范点，开展了北方地区传统民居结构和功能综合提升、传统历史街巷的空间和景观风貌规划改造、传统村落基础设施规划改造、传统村落生态环境改善等关键技术集成与示范，对集成与示范成果进行编辑整理。本书由中国建筑设计研究院有限公司林琢主持编写。

系列丛书分册五《皖南徽州地区传统村落规划改造和功能提升——黄村传统村落保护与发展》作者团队以徽派建筑集中的老徽州地区一府六县为重点，调查研究了皖南徽州地区传统村落的选址、格局、演变、建筑等特征，并以安徽省休宁县黄村作为传统村落规划改造和功能提升关键技术示范点，开展了传统村落选址与空间形态风貌规划、徽州地区传统民居结构和功能综合提升、传统村落人居环境和基础设施规划改造等的关键技术集成与示范，对集成与示范成果进行编辑整理。本书由中国建筑设计研究院有限公司李志新主持编写。

系列丛书分册六《福州地区传统村落规划更新和功能提升——宜夏村传统村落保护与发展》作者团队以福建省中西部地区为重点，调查研究了福州地区传统村落的选址、格局、演变、建筑等特征，并以福建省福州市鼓岭景区宜夏村作为传统村落规划改造和功能提升关键技术示范点，开展了传统村落空间保护和有机更新规划、传统村落景观风貌的规划与评价、传统村落产业发展布局、传统民居结构安全与性能提升、传统村落人居环境和基础设施规划改造等的关键技术集成与示范，对集成与示范成果进行编辑整理。本书由福州市城市规划设计研究院陈硕主持编写。

系列丛书分册七《赣中地区传统村落规划改善和功能提升——湖州村传统村落保护与发展》作者团队以江西省中部地区为重点，调查研究了赣中地区传统村落的选址、格局、演变、建筑等特征，并以江西省峡江县湖洲村作为传统村落规划改造和功能提升关键技术示范点，开展了传统村落选址与空间形态风貌规划、赣中地区传统民居结构和功能综合提升、传统村落人居环境和基础设施规划等的关键技术集成与示范，对集成与示范成果进行编辑整理。本书由中国城市规划设计研究院郝之颖主持编写。

系列丛书分册八《云贵少数民族地区传统村落规划改造和功能提升——碗窑村传统村落保护与发展》作者团队以云南、贵州省为重点，调查研究了云贵少数民族地区传统村落的选址、格局、演变、建筑和文化等特征，并以云南省临沧市博尚镇碗窑村作为传统村落规划改造和功能提升关键技术示范点，开展了碗窑土陶文化挖掘和传承、传统村落特色空间形态风貌规划、云贵少数民族地区传统民居结构安全和功能提升、传统村落人居环境和基础设施规划改造等的关键技术集成与示范，对集成与示范成果进行编辑整理。本书由中国建筑设计研究院有限公司陈继军主持编写。

系列丛书分册九《西北地区乡村风貌研究》选取全国唯一的撒拉族自治县循化县154个乡村为研究对象。依据不同民族和地形地貌将其分为撒拉族川水型乡村风貌区、藏族山地型乡村风貌区以及藏族高山牧业型乡村风貌区。在对其风貌现状深入分析的基础上，遵循突出地域特色、打造自然生态、传承民族文化的乡村风貌的原则，提出乡村风貌定位，探索循化撒拉族自治县乡村风貌控制原则与方法。乡村风貌的研究可以促进西北地区重塑地域特色浓厚的乡村风貌，促进西北地区乡村文化特色继续传承发扬，促进西北地区乡村的持续健康发展。本书由西安建筑科技大学靳亦冰主持编写。

系列丛书分册十《辽沈地区民族特色乡镇建设控制指南》在对辽沈地区近2000个汉族、满族、朝鲜族、锡伯族、蒙古族和回族传统村落的自然资源和历史文化资源特色挖掘的基础上，借鉴国内外关于地域特色语汇符号甄别和提取的先进方法，梳理出辽沈地区六大主体民族各具特色的、可用于风貌建设的特征性语汇符号，构建出可以切实指导辽沈地区民族乡村风貌建设的控制标准，最终为相关主管部门和设计人员提供具有科学性、指导性和可操作性的技术文件。本书由沈阳建筑大学朴玉顺主持编写。

《中国传统村落保护与发展系列丛书》编写过程中，始终坚持问题导向和“经济性、实用性、系统性和可持续发展”等基本原则，考虑了不同地区、不同民族、不同文化背景下传统村落保护和发展的差异，将前期研究成果和实践经验进行了系统的归纳和总结，对于研究传统村落的研究人员具有一定的技术指导性，对于从事传统村落保护与发展的政府和企事业工作人员，也具有一定的实用参考价值。丛书的出版对全国传统村落保护与发展事业可以起到一定的推动作用。

丛书历时四年时间研究并整理成书，虽然经过了大量的调查研究和应用示范实践检验，但是针对我国复杂多样的传统村落保护与发展的现实与需求，还存在很多问题和不足，尚待未来的研究和实践工作中继续深化和提高，敬请读者批评指正。

本丛书的研究、编写和出版过程，得到了李先逵、单德启、陆琦、赵中枢、邓千、彭震伟、赵辉、胡永旭、郑国珍、戴志坚、陈伯超、王军（西安建筑科技大学）、杨大禹、范霄鹏、罗德胤、冯新刚、王明田、单彦名等专家学者的鼎力支持，一并致谢！

陈继军

2018年10月

前　言

我国的传统村落拥有丰富的传统文化资源，体现着中国古代农业文明和传统社会的精华，是保持传统农业循环经济特征的有效载体和乡村振兴实施的基本空间。

然而，在快速城镇化进程中，很多传统村落的历史格局和风貌不断遭到侵蚀，良好的自然山水和生态环境逐步被现代建设挤占或污染；富有地域色彩的地方文化传统没有得到很好的保护和传承。并且，由于基础设施和人居环境建设的长期欠账，村落的物质空间和功能不断衰败，村民生活水平难以提升，传统村落的保护迫在眉睫。

2014年，受国家科学技术部委托，由住房和城乡建设部组织，中国城市规划设计研究院承担了两个“十二五”国家科技支撑课题，其一是《传统村落适应性保护及利用关键技术研究与示范》（课题编号2014BAL06B01）（以下简称课题），另一个是《传统村落规划改造及功能提升技术集成与示范》中的子课题（课题编号2014BAL06B05）（以下简称子课题）。课题的主要内容是构建我国传统村落价值评估体系，形成村落分类标准，研究建筑物理功能及环境功能改善技术。子课题的主要任务是完善我国传统村落保护规划编制体系，探索综合利用和规划实施途径，提出可持续发展的方式方法，建立传统村落保护传承和提升发展的示范基地。两个课题的目标是把科研与实践紧密结合，以期达到在全国开展传统村落保护发展规划和管理的推广示范目的。本书第1章和第2章是依托课题中全国传统村落调查数据库的有关研究思路和方法提炼编写的。原本我们计划所编写的内容能够适应全国传统村落保护规划的需求，但是，由于我国传统村落分布非常广泛，地区差别显著，全国的传统村落保护是一项艰巨的工程，我们的能力远无法完成这个任务，并且传统村落的功能提升技术也不适宜全国一刀切，因此，本书编写组在我们多年村落保护规划实践的基础上，按照本套丛书区域划分编写计划，提取了赣中地区作为传统村落规划改善和功能提升的编写内容。关于“赣中地区”的范围，我国地理学、历史学，以及民间均有不同的认识和划分。编写组也做了一定研究，参考了我国文化生态保护区建设方法和思路，最终从传统村落发展沿革、历史文化积淀的区域表现和共性突出的角度，提出吉安市、抚州市、丰城市和樟树市，即两个地级市加上两个县级市，共四个城市的行政区划范围作为赣中地区的研究范围。也许这种划定尚不够严谨，但考虑划分的意图是能够对具有共同特征的传统村落保护提供更有针对性的参考，且不同地区之间的文化特征也是相互浸润过渡的，赣中地区的准确性对研究结论的影响不大，因此，没有对范围界定投入过多研究笔墨。

第3章至第7章则依托子课题中的村落技术集成示范成果编写。具体说，2013年，住房城乡建设部开展了全国村庄规划试点工作，峡江县湖洲村作为江西省传统文化保护类唯一代表型村庄列入规划编制试点，任务是编制《江西省峡江县湖洲历史文化名村保护规划》（以下简称保护规划）（包含传统村落保护规划的相关要求），并由中国城市规划设计研究院承担，本书编写组也多是保护规划的编制成员。湖洲村是江西省一个历史文化资源非常丰富和价值特色突出的典型古村落。这个村既是课题中的技术集成示范基地，也是本书编写组自2013年至今长期跟踪的工作基地。2014年，湖洲村列入第二批中国传统村落名录，同年，公布为第六批中国历史文化名村。2014至2017年，湖洲村的保护工作在江西省住建厅的关心和当地政府的努力下逐步实施，本书编写组及规划编制组的成员对村落保护也给予跟踪技术指导，保护规划实施取得了较好的效果。本书编写组多次回访湖洲村，一方面是了解保护规划的可行性，特别是对于古村落功能改善和提升的效果，为传统村落保护规划总结经验。另一方面通过保护规划实施核验理论研究的科学性，对我国传统村落保护发展管理制度的完善和动态管理进行探索。

随着我国城镇化发展转型，乡村建设已经成为城乡协调的重要使命，数千个传统村落的保护规划改善和村落功能提升是规划人员更好实施乡村振兴战略的平台，希望此书能为传统村落保护规划和管理提供参考，这也是我们编写此书的些许愿望。

目 录

第 7 章 / 湖洲村传统村落保护与发展经验总结 173

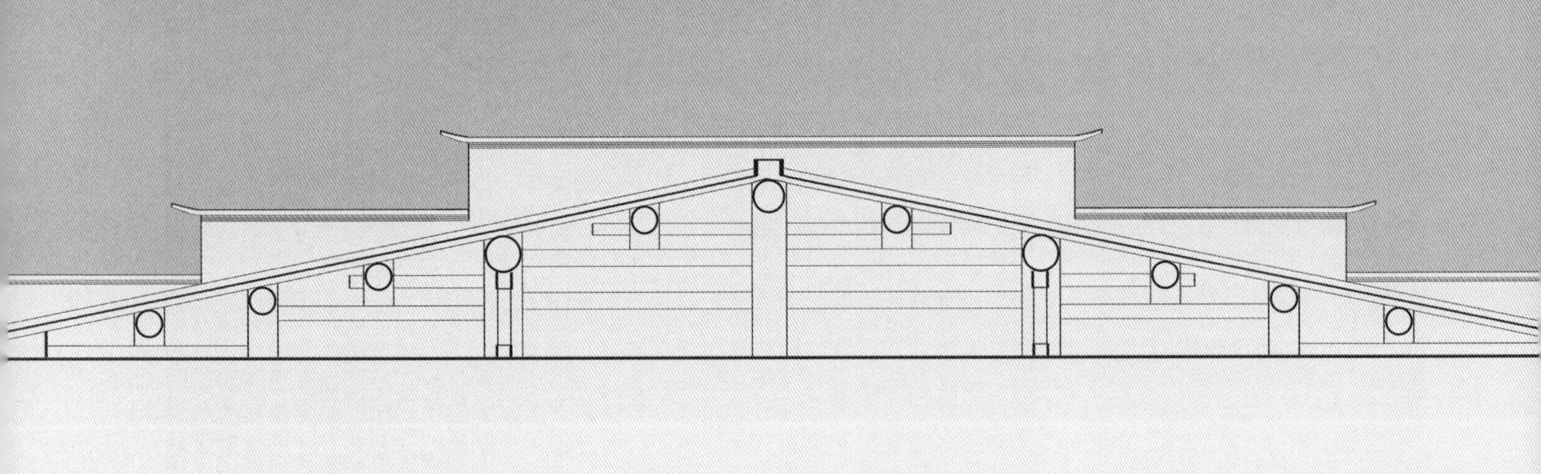

第1章 我国传统村落保护发展概况

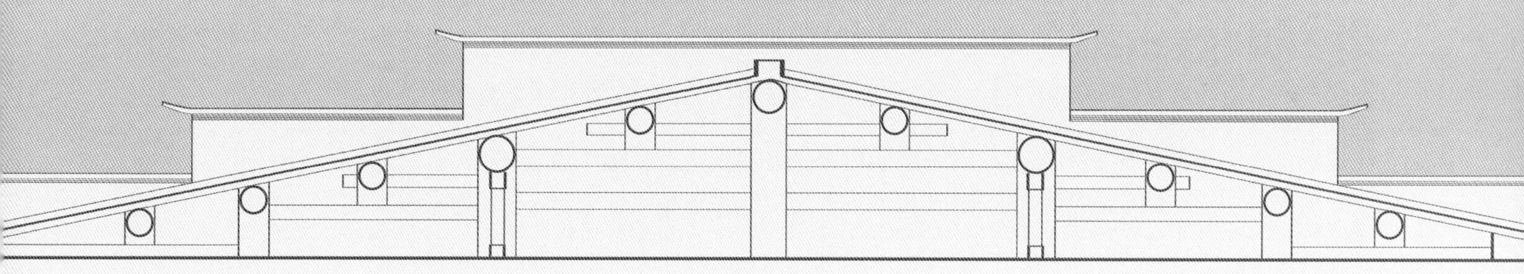

1.1 传统村落发展背景

1.1.1 传统村落保护上升到国家战略高度

中国是一个农业大国，数千年的农耕文明形成了中国传统和历史文化的核心，农村不仅影响了中国文化的属性特征，也深深影响着现代中国城镇化、工业化发展的方向和结果。尽管我国的城镇化率已经达到57.4%（2016年），农村依旧有大约5.89亿人口和数百万个村庄，多元的、丰富的、深厚的乡村文化遗产就积淀保存于这数量巨大的村落之中。

从20世纪70年代开始，西方发达国家逐步进入后工业社会，工业文明以来形成的价值观和发展观逐步改变，人们开始反思漠视环境代价、忽略个性需求的发展方式，可持续发展和以人为本成为全世界的基本共识。在这种理念引导下，人们开始广泛探索各种适宜的发展路径，其中在欧洲很多历史城镇开始通过历史文化的保护和利用，实现文化遗产保护、传统文化延续、社会经济复兴的多重目标，经过几十年的努力，这种模式得到国际社会普遍认同。

具有历史文化资源的古村落是民族的宝贵财富和不可再生资源，有丰富的内涵和价值。从历史学角度看，古村落是传统文化、传统建筑、传统格局的载体，体现了中国古代农业文明和传统社会的精华；从社会学角度看，具有历史文化资源的古村落是国家的一种社会资本，是包括广大华侨和港澳台同胞的民族文化之根，是团结全国各族人民、提高国家凝聚力的情感纽带；从经济学角度看，传统村落是保持传统农业循环经济特征的有效载体，是农业经济和农民生活发展的基础。然而，在快速城镇化的进程中，不少传统村落正在衰落和消失。我国众多村落都面临着完善和优化村落功能的强烈需求，特别是需要大力提升目前还十分落后的基础设施和公共服务设施水平，改善居住条件，以满足村民日渐提升的生活要求。

城乡统筹、乡村振兴正是党中央和国务院在我国社会经济进入新的发展阶段，面临新的机遇和挑战背景下，为致力于突破城乡二元结构、破解“三农”难题、实现“两个一百年”奋斗目标作出的重大战略决策。传统村落是传统农业发展的有效载体，充分挖掘利用传统村落所具备的资源价值优势，发展农业经济、循环经济和乡村经济，促进传统村落的可持续发展，将对城乡差距缩小、城乡共同富裕目标的实现起到重要的推动作用。

1.1.2 相关概念提出及认识

对于中国农村农业发展的研究在我国并不是生冷领域，但基于村落历史文化资源保护、传承发展的系统认识历程却相对较短，国外从20世纪初就开始对古村落进行系统的研究，但在我国，古村落研究直到20世纪80年代才受到学者关注。并且较早时期是从乡土建筑、乡村聚落、古村落等概念开始。

传统村落是在我国经济社会快速发展的新阶段提出的新概念，厘清这一特定概念，对于增强民族文化的自在性和自觉性，不断为农村发展注入活力，促进经济社会全面健康发展，具有重要意义。并且这个概念基本经历了从“点→面”，从“建筑→聚落→村镇”的递进过程。

1.1.2.1 乡土建筑

对于乡土建筑的研究在我国非常广泛而普遍。由于乡土建筑是一个比较清晰的物理对象，与人们的生活关联密切，研究易于开展，因此，乡土建筑成为社会较早研究对象的现象就很容易理解了，且其研究首先开展于建筑学领域。

乡土建筑的一般理解是指民间传统风土建筑，“乡”与“土”把它自然定格在乡村和民间包括乡土的民宅、寺庙、祠堂、书院、戏台、酒楼、商铺、作坊、牌坊、小桥等。它的显著特征是为了满足乡村生产生活需要，由村民因地制宜、自行建造的具有民族特色和地域风格的建筑，因此，乡土建筑没有统一的规范标准，没有严格规制，甚至没有设计程序，但却极具特色。而乡土建筑之特，正是因为在建筑历史长河中包含了丰富的信息、呈现出建筑的适应性演变、精湛的建筑文化艺术等。

目前，乡土建筑在我国还没有作为独立的法定概念或者行政概念和国际接轨，但乡土建筑有物质和精神两方面的功能，同时，还是历史的载体[1]，因此被作为一种建筑文化遗产分别纳入文物保护单位或者历史文化名镇名村受到保护。1999年国际古迹遗址理事会在墨西哥通过了《乡土建筑遗产宪章》，成为乡土建筑保护的国际性纲领文件。乡土建筑保护的重点在建筑和建筑群落，但是与它们所在的村镇格局、传统风貌、历史文脉和非物质文化遗产保护传承等关系密切，学术观念逐步从保护单纯的建筑形式转变到保护聚落形态及其蕴涵的文化，乡土建筑是传统村落功能提升、整体发展的重要对象和内容，这是我们解析乡土建筑的目的。

1.1.2.2 乡村聚落

聚落是人类活动早期的社会和空间形态。《史记·五帝本经》中记载：“一年成聚，两年成邑，三年成都”，一目了然地解释了聚落形成的过程，也显示早期的聚落是人类为了生存而本能聚居的反映，类型多样的城镇与乡村聚落，是人们利用和改造自然、发展生产力的结果[2]。因此，乡村聚落是指居民以农业作为经济活动的主要形式的聚落[3]。

❶ 楼庆西. 中国古村落：困境与生机——乡土建筑的价值及其保护［J］. 中国文化遗产. 2007，02：12.

❷ 张兵. 城乡历史文化聚落——文化遗产区域整体保护的新类型［J］. 城市规划学刊. 2015，06：6.

❸ 许家伟. 乡村聚落空间结构的演变与驱动机理——基于长时段视角对河南省巩义市的考察［D］. 郑州：河南大学，2015.

人们对聚落的研究源于聚落与今天发展的关系。1841年，J.G.科尔在《人类交通居住与地形的关系》中已经开始了对不同种类的聚落进行比较研究。1895年，梅村（A. Meitzen）对德国北部的农业聚落进行了研究，研究主要集中在聚落形态的划分和聚落形成的因子以及聚落发展的过程和条件等方面。文艺复兴时期的意大利建筑师和建筑理论家阿尔伯蒂（L.B. Leon Battista Alberti，1404—1472年）对聚落的研究则只是偏重于聚落空间分布与类型划分的研究。

由于聚落起源、历史过程、地理区位、经济社会职能的显著差别，出现城市聚落和乡村聚落两种分异显著的空间。两种聚落空间在形成途径、建设理念、发展模式等许多方面走出了不同的轨迹，前者是“计划式”、“自上而下”，取决于掌控者的价值观；后者是追求堪舆、“自下而上”，依靠祖辈传承并由公众参与[1]。随着学者的关注和研究，人们对乡村聚落的研究从途径、理念、功能等方面逐步拓展，并开始关注聚落的历史作用、文化基因、历史价值以及当今的社会职能，至近现代，国际社会开始注重并高度关注对乡村遗产的保护。1976年，联合国教科文组织（UNESCO）通过的《关于历史地区的保护及其当代作用的建议》(《内罗毕建议》)，将历史地区概念解读为城市和乡村环境中形成的人类聚落，代表着其过去形成的生动见证。保护历史地区有助于为维护和发展每个国家的文化和社会价值作出贡献。1982年，国际古迹遗址理事会（ICOMOS）通过了《关于小聚落再生的特拉斯卡拉（墨西哥）宣言》，对包括乡村聚落和小城镇在内的传统聚落保护再次作了专门阐述。中国社会科学院高江涛2009年出版了《中原地区文明化进程的考古研究》一书，对中原地区的聚落形态进行了缜密的分析，并将此作为研究中原地区文明化进程的突破口。

总体来说，我国对传统村落的研究从代表最乡土建筑的最大数量的民居建筑平面测绘、构造分析、结构研究等开始，发展到了对村落的空间形态、社会经济和发展演化的研究，并且基本覆盖了中国的广大地域，为充分总结中国传统村落的特征和现状情况，探索保护与利用方法，特别对于传统村落价值形成、辨识和研究提供了重要基础。

1.1.2.3 古村落

古村落是一个很具中国特色的概念，来自社会的大众表达，通俗易懂，并且不同的行业或视角可以产生丰富的解释。从城乡演进和传统村落文化保护的学术角度，如前所述中国传统聚落可分为两大体系：城市、村落。关于村落,《辞海》注解为“村庄”,《辞源》注解为“乡人聚居之处”。并且，有关“村落”的名称，很早就已出现在中国古代文献中。如《三国志・魏书卷十六》中所述“入魏郡界，村落齐整如一，民得财足用饶。”村落是人类由史前狩猎采集阶段进入农耕文明以后产生的聚居形态，是农耕生产者聚居劳作和繁衍生息之所在。可见，村落是长期生活、聚居、繁衍在一个边界清楚的固定区域的，主要从事农业生产的人群所组成的空间单元。

❶ 刘晓星. 中国传统聚落形态的有机演进途径及其启示［J］. 城市规划学刊，2007，3：55-60.

通常情况下，人们习惯于把历史遗留下来的村庄叫作古村落。这些村落始建年代久远，数量浩瀚，虽然经过历朝历代更迭兴替，它们的形态演变和文脉传承仍旧积淀着丰富厚重的历史信息。古村落的称呼广泛用在社会活动和学术研究中，得到了普遍认同。但当我们要厘清这个概念时必须强调，一般意义的古村落，虽然有历史和传统文化，但是在它们的村落选址、传统格局、历史风貌、不同历史时期的建筑群规模和非物质文化遗产上，都不像传统村落那样具有传统文化、民族文化、地域文化的典型性、代表性和整体传承性。对于大部分古村落来说，传统建筑保存数量不多，分布分散，只剩下零星散落的庙宇、祠堂、民居、驿道、渡口、石磨、古树、古井、古墓或者古遗址等。

1.1.2.4 历史文化名村

我国的城乡历史文化保护制度经过几十年的认识发展，从乡土建筑到聚落到古村落到历史文化村落发展而来，逐步成熟。最早提出村庄保护内容的是2002年修订的《文物保护法》，其中规定“保存文物特别丰富并且具有重大历史价值或者革命纪念意义的城市、城镇、村庄由省、自治区、直辖市人民政府核定公布为历史文化街区、村镇，并报国务院备案”。尽管当时只是出现了“村”一词，具体的保护方法、保护实践尚不丰富，许多保护概念也尚不成熟，但却标志着乡村文化保护制度的确立，对我国乡村历史文化保护具有重要意义。而乡村历史文化保护制度则以“历史文化名村”申报为起始。2003年10月，住房和城乡建设部、国家文物局联合公布了第一批中国历史文化名村名录，标志着我国农村历史文化遗产保护系统工作的开启。其后，配套制度不断完善，2008年公布了《历史文化名城名镇名村保护条例》，2012年出台了《历史文化名城名镇名村保护规划编制要求（试行）》，2014年出台了《历史文化名城名镇名村街区保护规划编制审批办法》（建设部令［2014］第20号）。目前，我国共公布六批中国历史文化名村276个。

1.1.2.5 国际保护制度对接

传统村落作为全人类共同的文化遗产，其保护和技术传承一直被国际社会高度关注。我国先后签署参加了《关于古迹遗址保护与修复的国际宪章》（威尼斯宪章）、《关于历史性小村镇保护的国际研讨会的决议》、《关于小聚落再生的宣言》等条约和宣言，保护和传承历史文化村镇文化遗产是作为发展中大国的中国必须担当的历史责任。我国2002年修订的《文物保护法》将村镇纳入保护范围。国务院《历史文化名城名镇名村保护条例》虽然没有针对传统村落保护规划管理做出明确规定，但针对我国历史文化名村的保护规划管理内容，对传统村落保护规划和技术传承同样具有重要意义和作用[1]。

[1]《历史文化名城名镇名村保护条例》是2008年4月国务院公布实施的，传统村落是2012年5月由住房和城乡建设部、文化部、国家文物局、财政部下发《关于开展传统村落调查的通知》后开始的。因此，《历史文化名城名镇名村保护条例》中并没有针对传统村落的内容。但是，历史文化名村和传统村落都是我国乡村历史文化的核心载体，在保护原则、保护理念、管理目标等方面两者是一致的。因此说《历史文化名城名镇名村保护条例》对传统村落保护规划和技术传承同样具有重要意义和作用。例如，《历史文化名城名镇名村保护条例》第三条“历史文化名城、名镇、名村的保护应当遵循科学规划、严格保护的原则，保持和延续其传统格局和历史风貌，维护历史文化遗产的真实性和完整性，继承和弘扬中华民族优秀传统文化，正确处理经济社会发展和历史文化遗产保护的关系”，无论历史文化名村还是传统村落都是相同的。《历史文化名城名镇名村保护条例》第十四条保护规划应当明确传统格局和历史风貌保护要求、划定名村的核心保护范围和建设控制地带、明确保护规划分期实施方案等内容，对于传统村落同样具有适用性。事实上，2013年9月颁布的《传统村落保护发展规划编制基本要求（试行）》中，关于保护对象、保护区划定、保护措施等基本要求均依据《历史文化名城名镇名村保护条例》制定。在基础设施、人居环境改善等方面，无论历史文化名村，还是传统村落都具有完全相同的发展目标。

1.2 我国传统村落现存的主要困境

1.2.1 传统村落在大量消失

据统计，我国在2000年有363万个自然村。2000～2010年十年间，我国自然村由363万个锐减至271万个，其中包含大量传统村落。据中国村落文化研究中心对我国长江流域与黄河流域以及西北、西南17个省的一项调查显示，这些地域中具有历史、民族、地域文化和建筑艺术研究价值的村落，从2004年的9707个减少到2010年的5709个，平均每年递减7.3%，平均每天消亡1.6个传统村落。

住房和城乡建设部2012年完成的全国村庄调查报告显示，全国有行政村数量58.8万个（1978～2012年，全国行政村总量从69万个减少到58.8万个，年均减少3152个）；自然村数量267万个（1984年420万个，共减少153万个，平均每天减少149.7个）。

城镇化率从1978年的17.9%提升到2016年的57.4%，城镇常住人口达到7.92亿（1978年1.72亿），乡村常住人口则下降到了5.89亿（1978年7.9亿）[1]。

又根据住房和城乡建设部村镇建设司原司长赵晖在国务院新闻发布会上的信息（来自人民网北京2013年10月17日电），全国组织了传统村落摸底调查[2]，调查上报了12000多个村落，这些村落形成年代久远，其中清代以前的占80%，元代以前的占1/4，包含2000多处全国重点文物保护单位和3000多个省级非物质文化遗产代表项目，涵盖了我国少数民族的典型村落。

12000多个村落仅占我们国家行政村的2%，自然村落的0.45%，其中有较高保护价值的村落已经不到5000个。

根据中国村落文化研究中心对2010年尚存村落中的1033个村落回访发现，有461个因各种原因消亡，占回访村落总数的44.6%，平均每年递减11.1%，平均约3天就有1个具有保护价值的村落消亡。

1.2.2 城镇化的客观影响

传统村落消失的原因，首要是受城镇化的影响。我国经历了近40年的快速城镇化过程，城镇化率从1978年的17.9%提升到2016年的57.4%，农村人口和村庄数量的不断减少是城镇化的“合理”反应和客观结果。伴随城镇化进程中的城乡统筹，促进了乡村发展，

[1] 来自国家统计局2017年1月公布数据。

[2] 指针对具有一定历史文化资源和具有保护价值的村落的普查性工作。

包括村庄合并、搬迁上楼、社区化转型等，但在没有完成乡村传统文化价值识别和妥善保护的情况下，出现具有历史文化价值村落的消失成为无法避免的建设结果。同时，快速城镇化导致大量农村人口转移，特别是农村劳动力的流失，农村发展的活力下降。加之长期基础设施投入严重不足，以及自然衰老等，均导致村庄的加速衰落衰败，农村生产生活环境对现代生产生活功能适应性明显下降。

1.2.3 保护管理的系统性深化不足

传统村落消失的另一个重要原因是保护制度尚待完善。现阶段，我国传统村落面广量大，地域分异明显，具有高度的复杂性和综合性。传统村落保护规划和技术传承等制度问题亟待解决，包括传统村落价值认识与系统化构建不足、传统村落适应性保护及利用技术研发短缺、传统民居营建工艺保护与传承关键技术亟待突破，不同地域和经济发展条件下传统村落保护和利用亟需示范等。另一方面，城镇化过程中的新农村建设在一定程度上给村落历史文化保护带来巨大压力，甚至出现建设性破坏[1]，直接导致村落消亡。特别是对村落环境综合改善和功能提升的方法及有效实践不足，对村落合理利用方法的认识不清，保护技术和市场力量薄弱。总体来看，是系统性不足，涉及规划、管理、机制、实施等众多层面。我国高度重视传统村落的保护，近几年出台了多项相关政策法规，地方也在积极开展管理实践，但规划的一刀切式做法或“普适性”的策略并不能完全解决传统村落面临的复杂问题。规划方法、适用技术、针对策略的系统性深化是当前的任务之一，包括区域性、类型性指引，以及有效的规划示范等。这也是本书希望通过湖洲村适应性保护管理实践，能够推动赣中地区传统村落综合改善和功能提升的努力方向。

1.3 传统村落保护制度建立

我国古村落拥有深刻的文化内涵，承载着灿烂的农耕文明，事关传承文脉和实现中华民族伟大复兴的使命。当前，我国工业化和城镇化已经成为推动我国经济社会发展的重要推动力，在促进社会经济发展、提高人民群众生活水平的同时，也带来许多负面影响，很多古村落在这一过程中逐渐遭受损毁而消失，这种现象让人扼腕痛惜。2011年9月6日，时任国务院总理温家宝在中央文史馆成立60周年座谈会上发表了关于“古村落的保护就是工

❶ 警惕古村落的“建设性破坏”，孔祥武，农民日报，2016年5月13日第005版，版名：文化生活周刊，版号：005，分类号：K878。

业化、城镇化过程中对于物质遗产、非物质遗产以及传统文化的保护”的讲话，并与冯骥才[1]对话古村落保护问题，冯骥才疾呼：“五千年历史留给我们的千姿万态的古村落的存亡，已经到了紧急关头。”这种现象也引起了党中央和国务院的高度重视，随后古村落保护马上列入政府工作日程。

2012年，传统村落保护和发展专家委员会及工作组成立，包括建筑、民俗、艺术、遗产等领域的26名专家受聘为专家委员会委员。据冯骥才介绍，专家委员会第一次会议决定将习惯称谓的“古村落”改为“传统村落”，以突出其文明价值及传承的意义。传统村落概念是对有特殊保护意义的古村落所作的界定，更有利于体现古村落的历史价值和文化内涵。对那些始建年代久远、经历了较长历史沿革、至今仍然以农业人口居住和从事农业生产为主，而且保留着传统生活形态和文化形态的村落，用传统村落的概念界定，比仅以历史年代表述古村落，在体现物质文化遗产和非物质文化遗产的内涵上更贴切，更深刻。

2012年5月，住房和城乡建设部、文化部、国家文物局、财政部下发了《关于开展传统村落调查的通知》。通知明确了传统村落调查的目的和意义，即我国传统文化的根基在农村，传统村落保留着丰富多彩的文化遗产，是承载和体现中华民族传统文明的重要载体。由于保护体系不完善，同时随着工业化、城镇化和农业现代化的快速发展，一些传统村落消失或遭到破坏，保护传统村落迫在眉睫。开展传统村落调查，全面掌握我国传统村落的数量、种类、分布、价值及其生存状态，是认定传统村落保护名录的重要基础，是构建科学有效地保护体系的重要依据，是摸清并记录我国传统文化家底的重要工作。这是首次在政策文件中使用“传统村落”的概念，并明确“传统村落是指村落形成较早，拥有较丰富的传统资源，具有一定历史、文化、科学、艺术、社会、经济价值，应予以保护的村落”。自此，“传统村落”区别于“古村落”、“乡村聚落”等有了明确的“制度”界定和法定地位。这是组织开展传统村落调查、遴选、评价、登录和制定保护发展措施的依据。通知下发后，全国完成了首次传统村落摸底工作。

2012年12月，四部委联合发布《关于加强传统村落保护发展工作的指导意见》（建村［2012］184号），对传统村落保护与发展的相关问题进行明确。2012年12月17日，住房和城乡建设部、文化部、财政部下发了《关于公布第一批列入中国传统村落名录村落名单的通知》（建村［2012］189号），公布了第一批列入中国传统村落名录的共646个村落。2013年初，传统村落保护工作得到了党中央、国务院的高度重视，有关工作要求被写入了2013年中央1号文件，并在社会各界引起强烈反响。2013年12月，习近平总书记在中央城镇化工作会议上提出“让居民望得见山，看得见水，记得住乡愁”，进一步指出传统村落保护工作的重要性，并指出传统村落的概念精髓即“乡愁”[2]。2014年中央一号文件《关于全面深化农村改革加快推进农业现代化的若干意见》明确提出，要“制定传统村落保护发展规划，抓紧把有历史文化价值的传统村落和民居列入名录，切实加大投入和保护力

[1] 中国民间文艺家协会主席。长期致力于城市保护和民间文化遗产抢救，是民间文化遗产抢救工程的倡导者。成立有“冯骥才民间文化基金会”，旨在通过“民间自救”的方式，唤起公众的文化意识和文化责任，调动社会各界各种力量，保护岌岌可危的民间文化遗存和民间文化传人。

[2] “乡愁”出自2013年12月《中央城镇化工作会议》文件。原文：“要依托现有山水脉络等独特风光，让城市融入大自然，让居民望得见山、看得见水、记得住乡愁；要尽快把每个城市特别是特大城市开发边界划定，把城市放在大自然中，把绿水青山留给城市居民；要注意保留村庄原始风貌，慎砍树、不填湖、少拆房，尽可能在原有村庄形态上改善居民生活条件；要传承文化，发展有历史记忆、地域特色、民族特点的美丽城镇。”

度”。在紧锣密鼓的政府和社会推动支持下，传统村落普查申报工作如火如荼，2013年、2014年、2016年分别公布中国传统村落三批，目前已公布四批。

1.4 传统村落保护发展意义

党的十七届六中全会提出了文化大繁荣大发展战略部署，将优秀传统文化传承提升到中华文明传承和民族复兴的高度。传统村落是农村社会资本的重要载体，其蕴含的优秀传统文化是发展社会主义先进文化的深厚基础。对传统村落进行科学保护和合理利用，不仅是弘扬和传承中华文明的需要，而且对增进民族团结和维护国家统一及社会稳定具有重要意义，对增强我国的国家文化软实力、提升中华文化的国际影响力、实现中华民族复兴伟业也具有突出意义。

社会主义新农村建设是在我国进入以工促农、以城带乡的发展新阶段后，党中央为破解全面建设小康社会难点提出的重大战略，党的十六届五中全会提出了“生产发展、生活宽裕、乡风文明、村容整洁、管理民主”的新农村建设目标。党的十八大进一步强调：“解决好农业农村农民问题是全党工作重中之重，城乡发展一体化是解决‘三农’问题的根本途径。要加大统筹城乡发展力度，增强农村发展活力，逐步缩小城乡差距，促进城乡共同繁荣”。在保护的基础上合理利用传统村落中的丰富历史文化资源是提升新农村建设水平的新路径。做好传统村落保护工作，开展传统村落的相关技术攻关，对于建设美丽中国，建设文化强国，传承中华传统文化，增强民族自豪感和心灵归属感等，都具有重要的现实意义和深远的历史意义。

1.5 我国传统村落分布概况

自传统村落保护制度建立以来至2017年年底，住房和城乡建设部、文化部、国家文物局、财政部、国土资源部、农业部、国家旅游局公布了四批共4153个中国传统村落。各省、自治区、直辖市也陆续公布了省级传统村落。从四批中国传统村落分省来看，目前云南省以615个排位全国第一，其次是贵州省545个，江西省175个（图1-5-1）。

从空间分布看，有四个明显的集中区域，分别是以云贵为代表的西部；以江苏、浙江、安徽、福建为代表的东部沿海；以江西、湖南、湖北为代表的中部，以及以陕西、山西为集中的中北部。而西北、东北等区域分布非常有限，上海、天津两市四批的数量仅分别为个位数（表1-5-1）。

2017年，第五批中国传统村落申报工作已经展开，各地积极性极高，上报村落数量远超前四批。预计第五批中国传统村落公布后，中国传统村落数量又会有不小的增长。

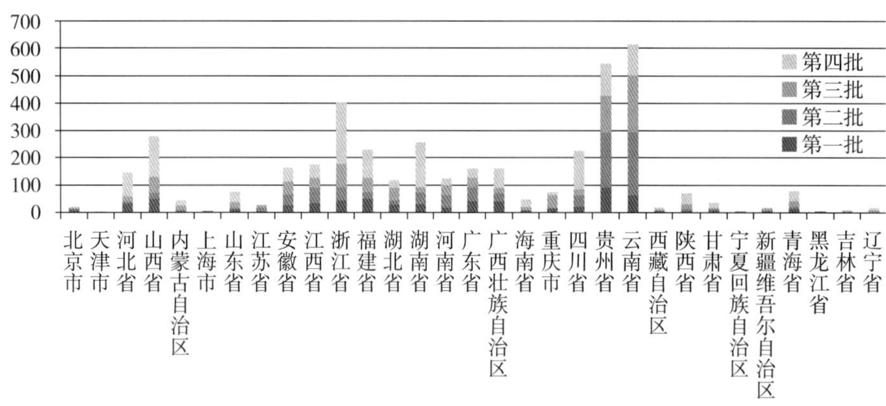

图1-5-1 **我国传统村落分省分布**
（图片来源：作者自绘）

我国传统村落分批次公布情况汇总 表1-5-1

序号	省（直辖市）	第一批	第二批	第三批	第四批	总计
1	北京市	9	4	3	5	21
2	天津市	1			2	3
3	河北省	32	7	18	88	145
4	山西省	48	22	59	150	279
5	内蒙古自治区	3	5	16	20	44
6	上海市	5				5
7	山东省	10	6	21	38	75
8	江苏省	3	13	10	2	28
9	安徽省	25	40	46	52	163
10	江西省	33	56	36	50	175
11	浙江省	43	47	86	225	401

续表

序号	省（直辖市）	第一批	第二批	第三批	第四批	总计
12	福建省	48	25	52	104	229
13	湖北省	28	15	46	29	118
14	湖南省	30	42	19	166	257
15	河南省	16	46	37	25	124
16	广东省	40	51	35	34	160
17	广西壮族自治区	39	30	20	72	161
18	海南省	7		12	28	47
19	重庆市	14	2	47	11	74
20	四川省	20	42	22	141	225
21	贵州省	90	202	134	119	545
22	云南省	62	232	208	113	615
23	西藏自治区	5	1	5	8	19
24	陕西省	5	8	17	41	71
25	甘肃省	7	6	2	21	36
26	宁夏回族自治区	4			1	5
27	新疆维吾尔自治区	4	3	8	2	17
28	青海省	13	7	21	38	79
29	黑龙江省	2	1	2	1	6
30	吉林省		2	4	3	9
31	辽宁省			8	9	17
	总计	646	915	994	1598	4153

第2章
赣中地区传统村落研究

02

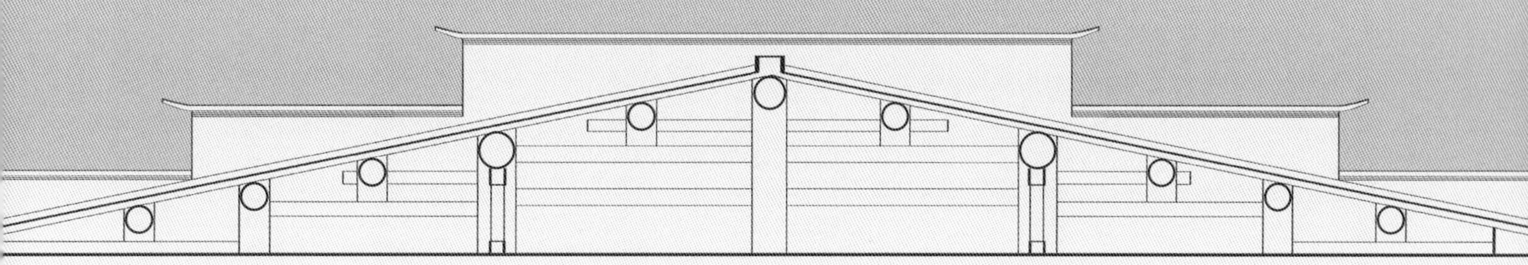

2.1 赣中地区界定及研究对象选取

2.1.1 关于"赣中"的相关理解

如前文所述，我国传统村落分布广泛，情况千差万别，对传统村落区域性或类型性的深化研究具有理论意义和现实需求。自2014年本书编著团队承担了"十二五"科技支撑课题《传统村落适应性保护及利用关键技术研究与示范》，以全国传统村落为对象进行了理论探索，在此基础上，我们在江西省开展了传统村落保护的具体工作。江西省是我国传统村落数量较多的省份之一，也是我国传统村落保护管理工作开展非常积极深入的省份，赣中地区又是江西省传统村落数量最多、分布最密集的区域。为了更有针对性，结合我们这几年的工作积累，我们把研究对象"精简"到"赣中地区"这个范围，并首先对"赣中地区"做了界定。

众所周知，"赣"是江西省的简称，江西省因赣江得名，而赣江由"章"水与"贡"水在赣州市合流北下而成，"赣"也由"章"、"贡"合并成字。因为赣江贯穿江西全境，江西也简称"赣"。"赣中"泛指江西省中部，但准确的范围没有科学严谨的定义。

按照我国江河水文和流域划分，赣江分为上、中、下游[1]。上游指赣州市以南的流域，包括湘水、濂江、梅江、平江、桃江、上犹江等众多支流，主要源头在武夷山和赣州市的崇义县；中游指赣州市至吉安市的新干县，流经吉安市的遂川县、万安县、泰和县、吉安县、青原区、吉州区、吉水县、峡江县、新干县；下游则由新干县至九江市的吴城县，入鄱阳湖。照此划分，吉安市处于赣中的标准位置。

按照地理位置划分，赣中指江西中部地区，包括赣江中游城市、鄱阳湖平原和盆地的部分地区，主要包括吉安市、抚州市，还包括宜春市的丰城、樟树两市。区域面积约4.72万平方公里，总人口约1135万人[2]，分别占江西省的28.3%和24.7%[3]。

按照传统文化的代表性和特征来看，宜春、南昌、新余、吉安、抚州五市，是赣文化、赣方言和习俗等相对集中稳定的区域，相比这个地区，江西东北板块的景德镇、上饶和鹰潭三市，在江西省则属于文化多元化显著的地区，除了赣文化，受到徽文化影响非常明显，此外，还包括吴文化、越文化等。该地区的赣方言、吴方言、徽州方言等按照使用人数分别排在江西省的前三位。

基于历史文化积淀传承和共性突出的角度，并结合地理划分，本研究将赣中确定为吉安、抚州两市和宜春市的丰城、樟树两市，即两个地级市加上两个县级市，共四个城市。

❶ 赣江上、中、下流域划分来自百度百科。

❷ 赣中人口及行政区面积分别来自2016年江西省统计年鉴、吉安市政府网站。人口数据分别为2014年末和2016年末。

❸ 江西省人口及地区面积来自江西省政府网站。

以吉安和抚州为中心，大致范围包括汉晋庐陵郡、临川郡，唐宋吉州、抚州，明清吉安府、抚州府辖地。

2.1.2 赣中地区城市概况

吉安市位于赣江中游，古称庐陵、吉州。秦代设庐陵县，东汉末年设庐陵郡，元初取“吉泰民安”之意改称吉安[❶]，是江西建制最早的古郡之一，也是江西开发较早的地区之一。吉安自古乃人文渊源之地，科举文化发达，号称“三千进士冠华夏，文章节义写春秋”，进士数量在明清全国诸府中列第一，有“一门九进士，父子探花状元，叔侄榜眼探花，隔河两宰相，五里三状元，九子十知州，十里九布政，百步两尚书”的美誉。明建文二年（1400年）庚辰科和永乐二年（1404年）甲申科，吉安人包揽了三甲。吉安是庐陵文化的发源地，也是赣文化发源地之一和赣文化三大支柱之一，孕育了自成一系的江右庐陵文化，素有“金庐陵”、“江南望郡”、“山水福地”、“状元之乡”、“才子之乡”、“将军市”、“红色摇篮”、“革命圣地”的美誉[❷]。

抚州位于抚河中游，与吉安隔雩山山脉相望，东汉设临汝县，三国设临川郡，是临川文化的发源地。唐初已以文名重天下，王勃《滕王阁序》称“光照临川之笔”。至宋代进入黄金时代，号称“才子之乡”，晏殊、晏几道、王安石、曾巩等人，均身兼著名文学家和著名政治家双重身份。抚州的金溪陆氏陆九渊、陆九韶兄弟则成为中国思想史上的关键人物。明代以后，涌现出汤显祖、李绂等著名文学家。

樟树市现为县级市，原为清江县，辖区内的樟树镇是江西四大古镇之一。自商周至春秋战国，先后属吴、越、楚。新淦县在秦朝时设在今樟树城区，距今有2000多年的历史。

丰城市现为县级市，最早于东汉（公元210年）设富城县，晋太康元年（公元280年）改名丰城县；丰城原为干将、莫邪宝剑藏地，故又名“剑邑”，是唐代六大青瓷名窑之一洪州窑的故乡，拥有剑文化、瓷文化、水文化、书院文化和古建筑文化等历史文化，孕育了徐孺子、雷焕、王季友、揭傒斯、邓子龙、夏征农等近现代名人[❸]（图2-1-1）。

2.1.3 对象选取及解析重点

研究对象为赣中地区已公布的四批传统村落。解析依据我国传统村落申报要求[❹]、传统村落调查登记表、《传统村落保护发展规划编制基本要求（试行）》（2013）的内容为主，重点在选址、格局、传统风貌，以及非物质文化遗产的活态传承方面。具体数

❶ 吉安地区县（市）志。

❷ 江南都市报，2017.09.14，“江西7市县因这件事做得好被中央表彰有你家乡吗?”

❸ 丰城市历史资料来自百度百科。

❹ 详见住房和城乡建设部、文化部、国家文物局、财政部关于开展传统村落调查的通知，2012年4月。

赣东北地区
赣西地区
赣中地区
赣南地区
湖北省
安徽省
浙江省
湖南省
福建省
广东省
武汉市
鄂州市
黄冈市
安庆市
池州市
黄山市
杭州市
黄石市
九江市
衢州市
南平市
长沙市
抚州市
宜春市
萍乡市
吉安市
新余市
三明市
株洲市
衡阳市
龙岩市
郴州市
韶关市
河源市
梅州市
清远市
南昌市

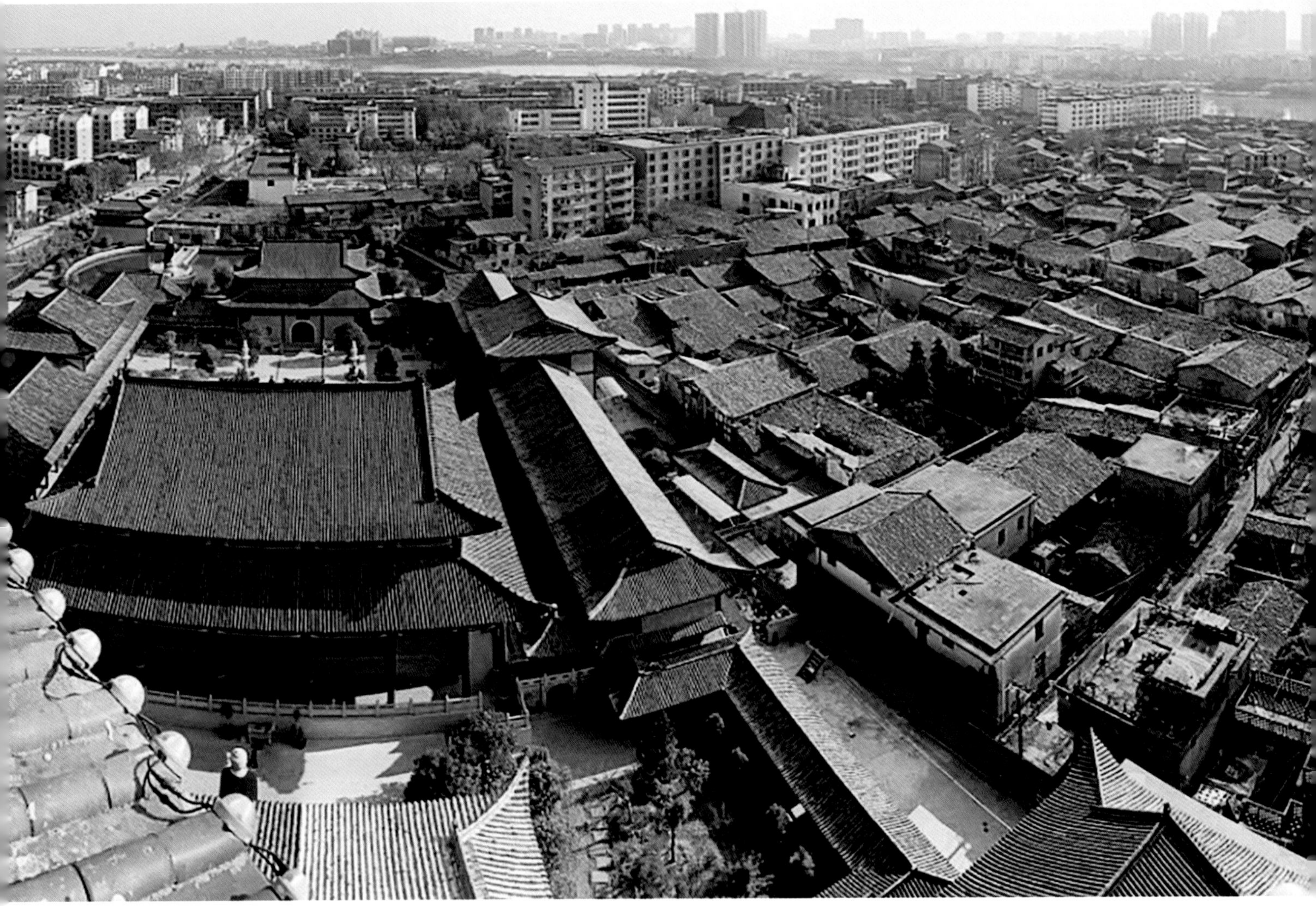

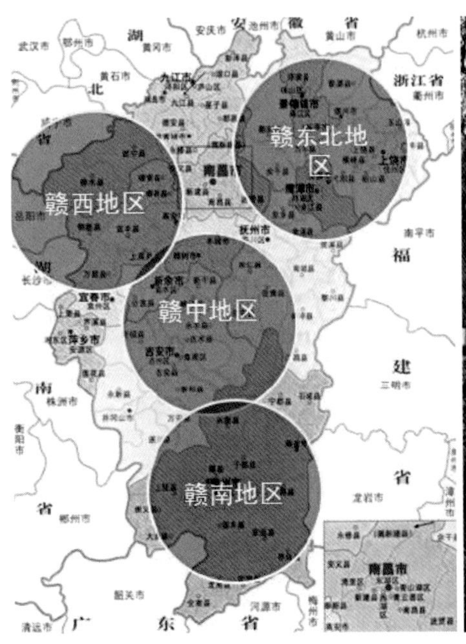

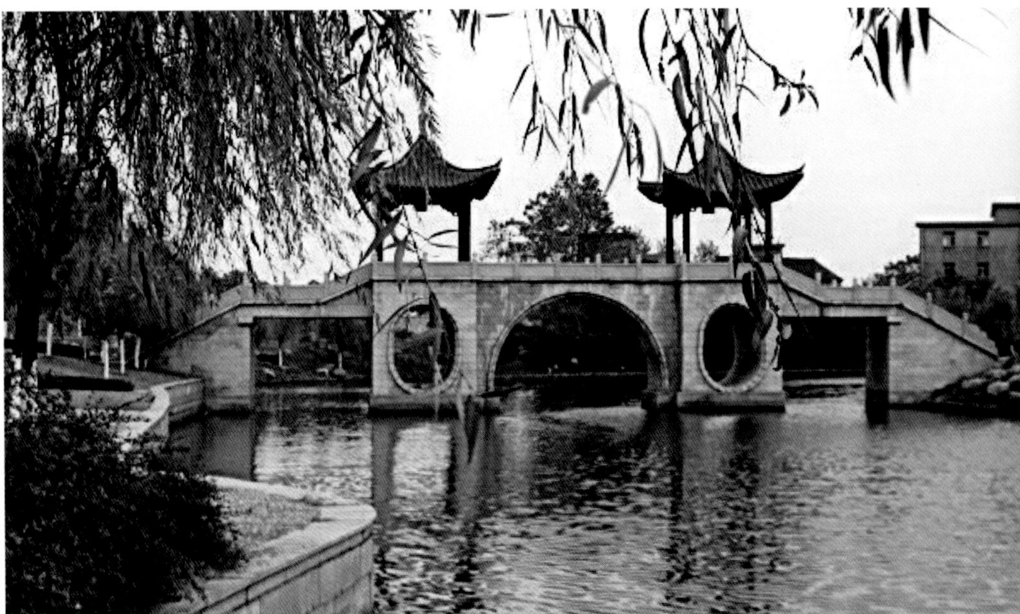

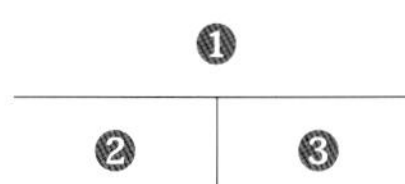

❶ 抚州市一景

❷ 赣中地区的区位

❸ 吉安市一景

图2-1-1　**赣中地区范围图**
（图片来源：作者自绘自摄）

❶ 本书中增选的赣中第五批资料为少量申报资料，这些案例最终是否列入第五批传统村落名录，以相关部门公布文件为准。

据及信息包括村落基本情况、选址和格局说明、历史文化遗存、传统建筑规模、保护利用情况等，这样可以较好保持选取村落资料的一致性、准确性和规范性等，有利于规划管理的衔接，同时，可以与我国其他地区传统村落相关研究进行对比。

此外，我国传统村落第五批申报工作已近结束，各地申报数量与前四批相比普遍增加较多，考虑到与第五批传统村落公布和规划管理也能够兼顾，资料较新本书中研究对象增选了赣中地区第五批传统村落申报的部分具有典型性的案例[1]，并以申报资料整理分析为主。

2.1.4　赣中地区传统村落分布特征

我国传统村落截至2017年底共发布四批，共计4153个，江西省175个（表

2–1–1），总数位居云南、贵州、浙江等省之后，排全国第八，属于我国传统村落数量较多的省份之一。赣中地区四批传统村落共77个，占全省的44.57%，密度为16.16个/万平方公里，相当于全省的约1.5倍（表2–1–2）。在传统村落中包含了中国历史文化名村，其中江西全省的中国历史文化名村23个，赣中地区分布12个，占江西的半数。无疑，赣中是传统村落为代表的中华传统文化和农耕文明具有代表性的传承发展区域之一。

江西省传统村落分批次分布表 表2-1-1

城市名称	第一批	第二批	第三批	第四批	村落总数	市域面积	密度	占全省比例（%）
	数量（个）	数量（个）	数量（个）	数量（个）	（个）	（km^2）	（个/万km^2）	
吉安市	9	18	8	6	41	25300	16.21	23.4
上饶市	5	11	6	5	27	22791	11.85	15.4
赣州市	4	6	8	11	27	39400	6.85	15.4
景德镇市	6	7	1	2	16	5248	30.49	9.1
抚州市	4	1	9	15	31	18817	16.47	17.7
南昌市	3	5	1	2	11	7402	14.86	6.3
宜春市	2	4	0	4	10	18700	5.35	5.7
新余市	0	2	1	0	3	3178	9.44	1.7
九江市	0	0	2	4	6	18800	3.19	3.4
萍乡市	0	1	0	0	1	3827	2.61	0.6
鹰潭市	0	1	0	1	2	3559	5.62	1.1
合计	33	56	36	50	175	167022	10.48	100

（注：表中分批次传统村落数据来自住房和城乡建设部传统村落公布文件）

赣中地区传统村落数量及分布 表2-1-2

城市名称	传统村落四批总数（个）	市域面积（km^2）	密度（个/万km^2）	占全省比例（%）
吉安市	41	25300	16.21	23.4
抚州市	31	18817	16.47	17.7
宜春市部分	5	4136	14.50	2.8
合计	77	48253	16.16	44.57

（注：宜春市只包含丰城市和樟树市的数据）

2.2 村落形成机制与特征

2.2.1 赣中地区村落发展脉络及年代

从秦汉时期至明清时期，赣中地区的农业、手工业、商业持续稳步发展。赣江从赣中地区穿行而过，使得这一地区成为囤积和交换货物的良好场地，因此运输业成为赣中地区的重要产业。经济的发展使赣中地区逐渐取得了辉煌的文化成就，经过千余年积累，人文达到辉煌灿烂之境，“文章节义之邦”之名逐渐被大家所接受。唐朝时期，赣中地区的人口数量大幅增长，为村落的发展提供了大环境。村落起源非常久远，建成年代普遍在数百年以上。

以江西省传统村落为对象，对村落建成年代进行了分析，如果按照大的朝代进行划分，元代以前建成的村落有106个，占全部传统村落的61.2%，这其中还包含部分唐宋，甚至晋魏时期就已经出现的村落。明代48个、清代13个、民国时期2个（其他未注明）；赣中地区元代以前建成的村落50个、明代18个、清代5个、民国时期2个（其他未注明）。赣中地区元代以前的村落比例为66.7%，比全省略高，明代村落比例24.0%，比全省略低（全省28.4%）。

2.2.2 赣中地区村落形成机制

根据对江西省传统村落历史脉络和发展沿革的分析，村落的形成机制或动因基本可以分为自然卜居、交通运输（交通要道或条件好）、军事防御、移民迁徙、工商业，以及其他六类成因（表2-2-1）。

2.2.2.1 移民迁徙聚居是村落形成的主要因素

迁徙聚居指由外来人口在迁居过程中，选择合适环境和位置定居，逐步繁衍，同姓聚居壮大形成的村落。中原地区历来是兵家必争之地，战乱不断，百姓不堪其苦，早在西晋永嘉之乱之始，历史上曾多次出现中原百姓大举南迁，其中江西是重要的迁入地，这是江西人口变迁的历史大背景[1]。在对江西传统村落成因的分析中得到充分印证，无论江西省或赣中地区，移民迁徙而成的村落比例都达到一半左右。我们可以很容易地看到这种村落的案例。

在吉安市村落中，可以看到很多民系族群迁徙演变的踪迹。如吉安市吉州区兴桥镇钓源村[2]，是北宋政治家欧阳修[3]的后裔迁居至此，看到此处自然环境良好、气候宜人、降

[1] 钟乐．江西风景名胜区村落景观风貌的保护与发展［D］．江西农业大学，2011：32.

[2] 吉安市吉州区兴桥镇钓源村资料来自笔者实地调研。

[3] 欧阳修，今江西省吉安市永丰县人，吉州曾属庐陵郡，故又称“庐陵欧阳修”。

赣中地区传统村落形成机制分析表　　表2-2-1

村落成因		自然形成	交通运输	军事防御	移民迁徙聚居	工商业推动	其他	合计
江西省	数量（个）	39	7	12	80	8	19	165
	比例（%）	23.6	4.2	7.3	48.5	4.8	11.5	100
赣中地区	数量（个）	21	3	3	40	3	6	79
	比例（%）	26.6	3.8	3.8	50.6	3.8	7.6	100

（注：1. 赣中地区村落数量共77个，由于有个别村落工商业和交通成因兼有，故统计时为79个；2. 军事防御包括了战争避难；工商业包括了矿产、商贸、手工业等；其他包括了隐居、名人活动、游玩、纪念先人、国家政策等；3. 表中数据分别来自"十二五"科技支撑课题《传统村落适应性保护及利用关键技术研究与示范》（编号2014BAL06B01）、江西省传统村落申报资料、中国传统村落数字博物馆及作者调研。）

水丰沛，遂驻足聚居发展，到元代时期形制已经比较完整。吉安市吉安县梅塘镇旧居村，大约在明代中期，由刘氏基祖刘德崇从四川、重庆迁徙而来，先祖开基建村而成今日村落。另外，吉安市吉安县田岸上村，据记载也是明嘉靖年间，由刘氏基祖刘超从清水大屋场迁居至此，并在清末民初吸引了一批乡绅富商回乡，建房宅、祠堂、书院，整修池塘、巷道、公路等公共设施，使村落得以繁盛。

迁徙成因的村落中，还有一种典型方式，即由一些望族大家迁徙促成。如吉安市吉安县固江镇赛塘村，是明代从吉安富田梅岗过来的一个家族分支，经历代繁衍至今。

2.2.2.2　村落成因其次的机制是自然卜居

卜居是指自然形成。中国作为传统的农业大国，村落是传统农业最基础的社会生产组织形态，此类村落形成大部分源于气候、降水、光照、土地等良好的自然条件。人们会选择这样的地方生息繁衍。特别是逐水而居是农耕文明时期村落生存的基本规律。众所周知，江西省的绝大部分地区处于长江流域，水系发达。早在西汉时，鄱阳湖平原和赣江、抚河沿岸谷地，农垦已逐步兴盛，这里的环境不仅有利于农耕发展，也带来了人口的迁徙和集聚。如抚州市金溪县，全县地貌以低丘岗地为主，海拔为500～1360米，总体上地势平缓，耕地连片，加上四季分明，气候温和（年平均气温17.9℃），雨水丰沛（年平均降水量约1832mm），光照充足（年平均日照1695h），无霜期长达270天，利于农耕轮作，特别适宜农村农业发展，村落在这样的环境中形成、积淀、传承最理想不过。此类成因的村落，在江西省和赣中地区分别占23.6%和26.6%。

2.2.2.3　工商业推动

伴随工商业发展形成并兴起的村落又是一种方式，包括商贸型和传统手工业推动型。典型的代表如南城县的上舍村，其属于"盱江中游建昌商帮聚落群"中的一个村落。南城县位于盱江中下游，是江西十八古县之一，有"赣地名府、抚郡望县"之称。盱江古称"汝水"，是江西第二大河流抚河的上游支流，历史上水运发达，船行往来，景象繁忙。发达的河运孕育了江右商帮的重要分支建昌商帮（药帮），形成南城千年商贸古城，在明代设建昌府。随着南城县昌盛的经济发展，自县城50公里沿线的盱江东西两侧，形成包括下崔、源头、汾水等在内的“盱江中游建昌商帮聚落群”。上舍村正是商帮聚落群中的一个村落。传统工业发展促成的村落如金溪县竹桥村。该村距离金溪县十余公里。与许多传统村落重农重仕显儒的传统有所不同，查看竹桥村历史，村中做官的不多，直到清朝才出了两个举人和一个贡生。但经营手工业的工商历史却非常悠久，主要从事印书刻书业。历史上村中从事印书刻书的人数众多，富商大户不少，比较有名的富商余仰峰自开印书房，“刊书牌置局于里门，昼则躬耕于南亩，暮则肆力于书局。以刻书鬻书为业。”开金溪雕版印书的先河。村中的“余大文堂”为最大最早的一个刻印古籍的地方，竹桥村也素有古代江西雕版印书中心之称。到康乾时期，以竹桥人为主的卖书生意做到了全国。至今，竹桥村仍有印书作坊店铺六十余家[1]。

2.2.2.4　其他成因特征

主要包括交通、皇家赏赐、军事防御、隐居避难等。如抚州市的浒湾村、龙溪村都是依托渡口码头、集市兴旺、交通便利发育而成。抚州市金溪县的郑坊村，位于金溪县合市镇，村子形成于明永乐年间（1403～1424年）。最初自宋朝宝佑年间，淮姓先民（淮二公）从瑶田迁居到东潮，于明代永乐年间又从东潮迁居东田里，即今天郑坊村之始。顺治辛丑科进士王起龙任山东东昌卫守备，并任江南松江府都司属游击事，因其练兵有方，皇帝将郑坊村赏赐于他，村中今日还有“沐恩”牌坊和“恩荣龙章宠锡”牌楼。由于是皇帝的赏赐村，受到各级地方官员关照，郑坊村获得兴旺发达，至今保持了比较完整的格局和大量质量尚好的建筑。

再如吉安市泰和县蜀江村。据记载，南宋建炎年间，欧阳德祖辈来泰和经商，到蜀口洲游玩时，发现此处两水交汇，可以形成便利的水上交通，沙洲风景秀美，土地肥沃，便在此驻留，建房拓土，繁衍成村；吉安市安福县银圳村相传为南唐工部尚书刘适隐退后，到此落脚，形成大族村落；另外，吉水县仁和店村的曾氏始祖，在四川经商发达后，不忘衣锦还乡，报答村人，回村置田建宅，大大促进了村落的兴旺发展。

良好的自然条件、农业资源和生活环境是村落形成的必要基础，江西省地处长江中游，河湖众多，气候宜人，适合农业发展，素有江南“鱼米之乡”之称，至今也是我国重要的农业大省。而赣中地区以丘陵为主，丘陵之中发育多处盆地，吉泰盆地是较大较完整的一处。赣中地区相对江西省，农耕文化发育的小环境更加优越。这也是江西省传统村落总量大、自然形成和迁徙聚居村落比例高、赣中地区在江西省更加突出的原因。因此，无论江西省还是赣中地区，迁徙聚居和自然形成的村落占比高达70%～75%，与江西省和赣中地区的农业环境和农耕传统高度一致。此外，工商业、交通、军事防御等成因均有存在，并且这种特征在今日的江西仍可略见一斑。但总体上，这些原因形成的村落数量相对少得多，加之工业文明阶段，生产和交通方式的巨大改变，对这类村落机制环境造成冲击，数量不多也是必然。

[1] 李小芳. 江西省传统村落空间分布及文化特征研究［D］. 江西师范大学，2016：41，表4-2.

2.3 村落选址理念及规律

2.3.1 赣中地区自然环境特征

江西省地理环境整体上呈现一个向鄱阳湖倾斜的大盆地形态，除北部较为平坦外，东、西、南部三面环山，以丘陵、山地为主。盆地、谷地广布，平原较少，并多为山间或河谷间的小面积盆地。其中山地（包括中山和低山）占全省总面积的36%左右，丘陵（包括高丘和低丘）占42%左右，平原（包括岗地）占12%[1]。

赣中地区四面环山，大部分属于低山与丘陵区。东部有武夷山脉，西部有罗霄山脉，西北有幕阜山。山地最高海拔多在1000米以上，其中包括井冈山等名山。此外，典型的还有岩溶、丹霞和喀斯特等特殊地貌类型。沿赣江和抚河中游，地形变化稍复杂，有中低山分布，坡度渐缓，河谷阶地、丘陵、盆地交错。北部，地势相对平坦。赣中地区河网密布，发源于武夷山的贡水和发源于罗霄山的章水在赣州汇合为赣江，自南而北入鄱阳湖，是江西最大河流。发源于武夷山西麓的抚河，自南向北贯穿江西东部，在南昌附近与赣江汇合。此外，信江和修河也是赣中地区重要的水系。优越的山水孕育了赣中地区肥沃的土地和灿烂的文化，就耕地资源来说是江西省内比较适合农业发展的区域，历史上长期是江西主要的粮食产区，也是江西经济文化最发达的地区。从文化脉络看，历史上赣文化受到楚文化、中原文化和吴文化等多元文化的影响，并逐渐形成以崇儒重文、耕读传家为内涵的庐陵文化、临川文化两大体系。中国古代的赣中地区被称为"江西的聚宝盆"。赣中传统村落选址一般会结合外在条件（地形地貌、山水形势、水陆交通、朝向通风等）和内部条件（血缘宗族制度、地缘社会关系、传统习俗文化）等因素通盘考量，自然环境对赣中地区村落选址及理念无疑产生关键影响。

2.3.2 选址在丘陵和山地为最多

有研究将江西划分为九个地貌类型单元[2]，其中赣中地区属河流阶地，地势波状起伏。如果按照山地[3]、丘陵、低丘平原、盆地（包括山间盆地、河谷盆地）、水网和特殊地貌五种地貌类型对全省传统村落的自然地形地貌环境划分，选择丘陵地貌环境的村落数量最多，占到35.9%；其次是处于山地和盆地地貌环境的村落基本相同，各占16.8%和15%；

❶ 山地、丘陵、平原的次地貌划分，引自地貌形态的主客分类法，高玄（成都理工大学），山地学报，2004年5月22卷3期261–266页。中国地质局基金项目（编号20021300002）。

❷ 钟乐. 江西风景名胜区村落景观风貌的保护与发展［D］. 江西农业大学. 2011，表5–1.

❸ 山地指海拔一般在500米以上，地面峰峦起伏，坡度较大的地貌；丘陵指海拔200米以上，500米以下，高低起伏，多个坡度较缓的小山丘等组成的地貌；平原指海拔200米以下，地貌比较开阔平坦的地貌；低丘平原指海拔介于平原和丘陵之间，地势比较平坦的地貌；盆地指四面环山，中间相对平坦地势，或沿河谷两侧有一定宽度并比较平坦的地势地貌。

赣中地区村落选址地理环境比较分析　　表2-3-1

地理环境分类		山地	丘陵	低丘平原	平原	盆地	其他	合计
江西省村落	数量（个）	29	60	17	23	25	13	167
	比例（%）	16.8	35.9	10.2	13.8	15.0	7.9	100
赣中地区村落	数量（个）	6	33	5	15	9	3	71
	比例（%）	8.5	46.5	7.0	21.1	12.7	4.2	100

（注：1. 表中地理环境分类中的其他指喀斯特地貌、丹霞地貌、水网、河网等地形地貌；2. 表中数据来自“十二五”科技支撑课题《传统村落适应性保护及利用关键技术研究与示范》编号2014BAL06B01。）

赣中地区对比江西省，传统村落选址有两个明显特征（表2-3-1）。其一，分布在丘陵地带的村落比例远高于全省，这与赣中地区丘陵地形地貌条件非常一致。其二，处于相对平坦位置的村落分布高于全省，原因主要是赣中地区分布在赣江、抚河，以及两河支流沿岸谷地的村落比较多。这些位置分布有较多的小型河谷冲积平原，又靠近水源，方便交通和生活，因此，这种情况也是顺理成章的。可见，村落的选址环境首先受到区域自然条件的影响和制约，也显示出村落选址顺应环境、尊重自然、节约和谐的历史规律。

2.3.3　依水而立伴水而生法则

水是一切生物生存繁衍的基础，动物逐水而行，生物汲水而存，水更是人类生存的依赖，无论城市或乡村，在开疆拓土，择居立业之始，首先寻找水源，获得生产生活的保障。通过对江西省传统村落选址研究发展，几乎所有的村落都选址在水系周边，包括主要河流、众多支流和水库等。赣江集水面积大于1000平方千米的支流有19条，主要包括湘水、濂江、梅江、平江、桃江、上犹江等。集水面积大于30平方千米的支流更是达到一百多条。江西第二大河流抚河的主要支流有长桥水、青铜港、瞿溪河、密港水、石咀水、九剧水、沧浪水、黎滩河、龙安水、茶亭水、桐埠水、金溪水、崇仁河、宜黄水等。江西省的五条主要河流形成了更加密集的支系水体网络，不仅成为村落选址的首选之地，也决定着传统村落沿江河、溪流或湖泊周边的空间分布。

无论是江西省还是赣中地区，传统村落与水的关系都极其密切。在全省175个传统村落选址中，有84%的村落选择在有充分水源保证的位置（12个无资料村落排除，163个村落描述了村落与水的关系）。

2.3.3.1　高度亲水

如前所述，高度亲水不仅表现在几乎所有的村落选址必须有水，还表现在水与村落的两种比较突出的格局关系（表2-3-2、图2-3-5）。

滨水型村落：这些村落或紧靠大江大河，或依居河水一侧，或夹水而建，江水被纳入聚落，成为村落布局的有机组成部分（图2-3-4（右））。

具体说，村中至少有一条河流（溪流）流经村子。在形态上，或纵贯全村，或村前村后贴村而过。水中支流小溪为多，有些水宽不过十余米，从上游至下游逐级汇集，最终通河连江，或进入水库。少部分村落能够在重要河流沿岸落址，因具有极好的航运条件而兴旺和发展，特别是抚州市境内沿水系发达的抚河两岸，正是传统村落密集分布的区域。例如吉安市唐贤坊村等。

还有一部分村落处于多水交汇的位置，三面环水，一面农田，村居其中，形成半岛式形态。这种村落的水资源和水环境更加灵动秀美，水面宽度也稍大，水生态环境更具特色，生活生产用水更加充裕便利。如抚州市金溪县高坪村（图2-3-1）和金溪县白沿村横源（自然）村（图2-3-2）。

水塘型村落：此类村落是亲水的另一种表现形式指村落中有大小不等、数量不一的水塘分布。水塘或位于村中（图2-3-4（左）），或位于村头村尾，或多个水塘串并分布。所有的水塘有源头有去处，有的彼此之间通过人工沟渠联通，形成系统。这也是赣中传统村落的普遍类型，如吉安市吉水县固洲自然村（图2-3-3），村子坐落在赣江东面，东、南、北三面有六个水塘，水塘相互连

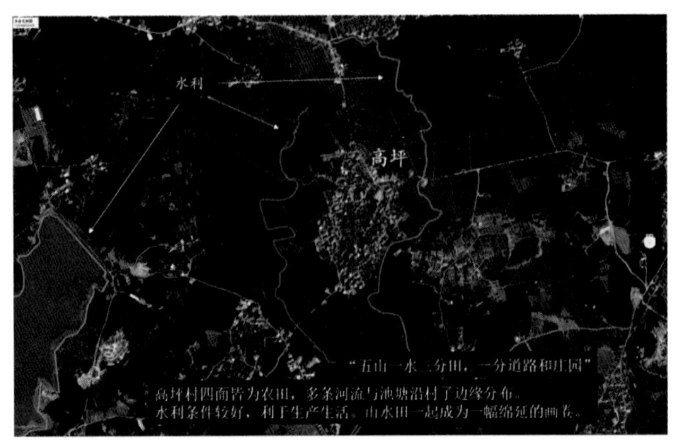

图2-3-1 **抚州市金溪县高坪村**
多条河流与池塘沿村子边缘分布
（图片来源：抚州市传统村落申报资料）

图2-3-2 **抚州市金溪县白沿村横源（自然）村**
选址靠近抚河与琅琚河，利于生产生活
（图片来源：抚州市传统村落申报资料）

图2-3-3 **吉安市吉水县固洲自然村**
（图片来源：吉水县传统村落申报资料）

不同亲水类型村落空间形态　　表2-3-2

类型名称	突出特征	实例
水塘型	建筑依山就势，水居其中，方位形状较为自由且高差变化较为丰富的村落	万埠镇梓源民国村、蛟潭镇礼芳村、兴田乡龙源村、江村乡诰峰村、湘湖镇前程村、湘湖镇进坑村、上埠镇王源村、陂头镇瑶族村、古龙岗寨上村、琴江镇大畲村、新江乡石坑村、衙前镇双镜村、金江乡梅元村、天宝乡平溪村、白舍镇古竹村、江湾镇荷田村、浙源乡郑公山村、姚家乡兰子畲族村、太源畲族乡水美村、篁碧畲族乡大岩村
滨水型	村落周边或内部有江河湖溪等丰富水系。部分水上交通便利，促进村落发展	松湖镇南湾村、瑶里镇绕南村、文坊镇车家村、罗坳镇鲤鱼村、武阳镇武阳村、富田镇王家村、马市镇蜀江村、水边镇湖洲村、思口镇龙腾上村、铜钹山镇小丰村、江湾镇晓起村

（注：部分村落兼具两种特征。）

（来源：丰城市传统村落申报材料）

（作者摄）

❶ 水塘型村落（丰城市长塘村围绕村中一个大水塘形成抱水布局）

❷ 滨水型村落

图2-3-4　村落选址亲水的典型模式
（图片来源：丰城市传统村落申报）

接，体现古人“择水而居”的选址理念。沿赣江有三处码头，水运交通便利，村民除农业外，很多从事船运行业，并延续至今。抚州市乐安县牛田镇流坑村山环水抱，四面群山环绕，村中明代建造的七口水塘与江水形成“七星伴月”之势。

2.3.3.2　擅长理水

理水指先人通过对水资源的利用或水体改造，营造更加舒适的生活环境，或创造更加和谐便利的生产条件。比较常见的是通过人工沟、洫、渠、塘等辅助建设，保证村落的生活用水。再通过联通良田农地，为农业灌溉提供保障，形成便利的生产生活水系网络。经过梳理改善的水环境能够常年使用，运行通畅，很多水系至今仍在发挥作用。如吉安市泰和县爵誉村，地处赣中吉泰盆地，以槎滩陂闻名。《槎滩碉口二陂山田记》中记载：后唐天成年间（公元926～929年），金陵人监察御史周矩（公元896～976年），于后周显德五年（公元958年）避乱迁居泰和万岁乡，因地处高燥无秋收，乃在禾市上游以木桩压石为大陂，导引江水，开洪旁注，以防河道漫流改道，名“槎滩”。槎滩陂是古代江西规模最大的水利工程，至今仍发挥灌溉功能，号称“江南都江堰”、“千年不败的水利工程”（图2-3-5）。

另一类理水，如吉安市安福县金田乡柘溪村，东、西、北三面傍山，属于典型的喀斯特地貌。特殊的地质构造使地面径流保持困难，地下水的深度往往很大，不易打井取水。于是，古村村民将村后的两道仅有的泉水通过引水渠引入村中，村子南面利用水渠自东往西引入田垅，种植柑橘、枇杷、石榴等多种果树，通过人工建设改造，为古村营建出常年流水、环境幽雅、四季果香的田园环境。

抚州市知名的流坑村，经明代董燧水工设计，在村子西南方用人工挖掘龙湖蓄水，再将湖水与江水联为一体，使流坑村成为山环水抱的胜地。宜春市新街镇贾家村，坐北朝南，登高俯瞰，屋宇连片，良田万顷，阡陌纵横。村内散布着12口水塘，用以调蓄雨水、吞吐淤泥，古村排水系统科学合理，沿用至今。

更典型的丰城市湖茫村（图2-3-6）。以水多势大雨急，常常白茫茫一片而得名。村落临江而建，布局与基础设施紧密结合，给水排水主要依赖水塘、水渠和水井。而利用地势落差和村中纵横的水网，将降水导入抚河并最终通向赣江，建立良好的防洪功能系统，与其平面布局像一艘不惧风浪灾害的船状呼应，古人的匠心智慧令人叹为观止。

5 | 6

图2-3-5 **江西省吉安市泰和县槎滩陂水利工程**
（图片来源：网络）

图2-3-6 **丰城市湖茫村**
（图片来源：丰城市传统村落申报资料）

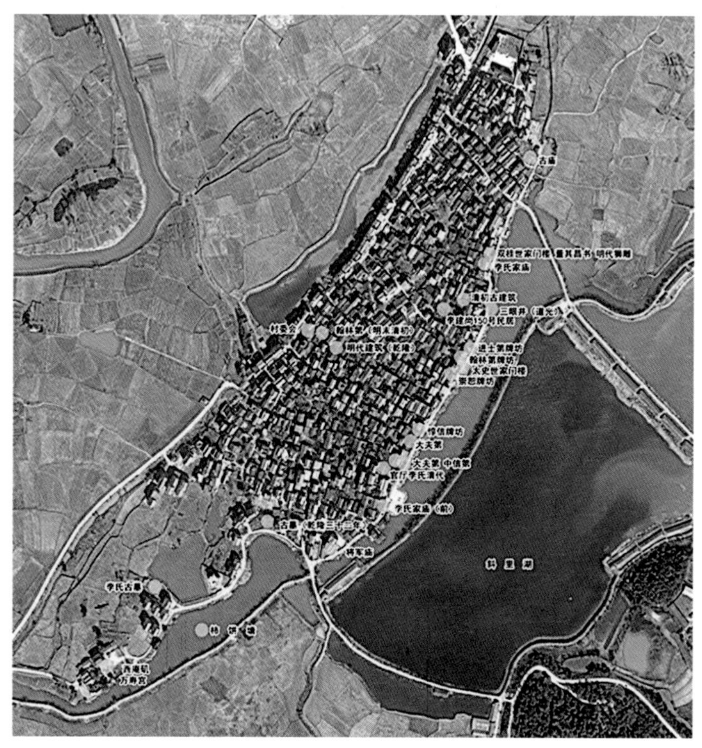

图2-3-7　**丰城市湖塘乡湖塘村**
（图片来源：丰城市传统村落申报资料）

丰城市湖塘乡湖塘村通过人工水圳设计，把村落外部的南溪流引入村中，水圳形态状如太极，与街巷并行，有协和治水之意（图2-3-7）。

2.3.3.3　注重用水

注重用水指，一是用水来促进村落经济社会发展，包括构建安全防护屏障、防洪排涝、维护治安、抵御外敌等。二是用水塑造村落风貌，形成依山傍水，村水合一的田园景色。水在农业社会是村落对外联系的重要交通方式，一部分沿江依河落址的村落，依托水路条件修建码头、开辟航道、通达四方，形成重要的交通枢纽、繁忙的贸易码头，极大促进了村落的繁荣兴旺。

例如，上饶市铅山县石塘镇石塘村，靠近浙江省云和县，是春秋时期已通航的瓯江中上游天然码头之一，处于先秦已开通的最古老的栝瓯古道必经的咽喉要道上，陆道驿铺、集镇、瓯江货物集散及客栈等功能交融繁盛，自唐、宋、明、清以来，石塘一直是"八都"的政治、经济、文化中心，千年古村由此名扬八百里瓯江两岸。

用水的一个最通用的模式不能不再次提到村中筑塘的格局营建。村中水塘在村落卜居中几乎比比皆是，例子信手拈来。水塘一是具有等级规矩、尊卑秩序和景观营造的作用，这种目的下，水塘大部分布置在村落中心、祠堂、文庙、殿宇等重要建筑门前。水塘形状规则、位置考究、规模有度。其中，半月形是最常见的形式。二是具有生活、生产、安全、生态等功能。这种情况下，水塘的数量、位置、形式则非常灵活，基本依据功能需求建造。大可几千亩，小可区区几亩。水塘设置的关键是水系通畅，水质优良，常年不断。

比如，宜春市丰城市白土镇赵家村的格局被称为"三塘四井七巷"。其中的三塘指村中明塘、莲池、枫林塘，村内四口井，七巷为蹈和、明义、怀德、崇文、光裕、居仁、斗尺。丰城市筱塘乡厚板塘村，村庄内有三个池塘与一条河流组成，村南有七星伴月塘，村西有吴氏塘，村东南有袁氏塘，东边的港叉可直通丰水湖。

用水不仅体现在物质功能方面，还包括更广泛的借用。古人同样注重把山水形胜与村落有机结合，进行扬名宣传，许多村落还因水得名。如赣江与遂川汇流而下的蜀水（梅乌江），将赣江泥沙冲积成蜀口洲，蜀口洲也被誉为千里赣江第一洲，王阳明曾有诗颂扬蜀江“树影翠浪涌，花落彩虹流”。吉安市泰和县蜀江古村，利用蜀水而取名，为外界提供了非常具有地理标志和想象空间的意象名字，在信息封闭的农业社会，拉近了古村与外界的距离，让人们更容易记住和了解。

2.3.3.4　选址极其注重堪舆风水

堪舆理论对中国古代村落产生极大影响（李小波，2001）。注重山水条件、追寻天人合一、遵从人与自然和谐共生，是中国传统文化中乡村选址理论的思想核心。这个思想既是农业社会有限的生产力条件下人类必然的选择，更是先人生存与发展智慧的体现。这种布局是中国乡村营建理念的典型实践。特点是严格遵照堪舆学说进行布局建设，尽管相对于城市来讲，村落的规模要小得多，但形制却非常完整，强调村落前面有案山、朝山，背后有坐山、主山，左青龙，右白虎。甚至还有更加完整的朝山、护山、少祖山等。形态极其考究，几乎是堪舆理论的完美图示。

赣中又是中国传统堪舆理论“形势宗”的起源、发展和成熟地，自古便注重对山水形胜的选择，这一学说深刻影响了传统村落的选址营建、地域风格及人文精神的形成。赣派堪舆理论强调“藏风聚气、背山面水”。用堪舆理念中的“龙、砂、穴、水、向”为依据指导村、宅，以及各种公共建筑的建设。村落大多依山傍水、因地制宜，村庄的入口处通常有小溪、池塘和沟渠等，村中心的家族祠堂前会设置方形或半圆形池塘。村口以及池塘边的百年大樟树，以及繁茂的树叶为村民们遮阳挡雨，形成独特的小环境。

如丰城市湖塘乡坑里村，据载宋末元初，坑里胡氏始祖陶公因避战乱，由吉水迁入。他途径此地时，目睹其有“二龙贯气怀抱之势，紫燕旋涡之脉，更有狮象把门之关，金箱玉印之点”，遂定居于此。坑里村北有官山、上顶山、大甲山为靠，南有华山岭、狮子岭、冲虎山、稍箕岭为朝。村前有发源于龙山和富山田垅中的两溪，在坑里村南合流后，经雄庄注入药湖，环境秀美，风景绮丽，至今有800多年的历史。

抚州市金溪县浒湾镇黄坊村，布局坐北朝南，面临池塘，面迎阳光，背依高山，前有阔景，西北有适合防御的山丘环护。村落格局呈三区块、六聚落，渐进向心结构。古村内池塘密布，有一十八个坵包，似十八只螃蟹上滩前往灵谷峰朝拜，俗称“一十八只螃蟹上滩”。按堪舆家言，这是大吉大利的风水宝地。

丰城市湖塘乡洛溪村（图2-3-8），古村街弄四通八达，通过5条弄口向外扇形辐射，再由大大小小的27条弄口连接而成。村后山体处于西北方向，艮卦，代表山，其五行属

图2-3-8 **丰城市湖塘乡洛溪村**
（图片来源：丰城市传统村落申报资料）

土；霍童溪水流自西方而来，坎卦，代表水，其五行属水；村口原始森林处西南方，巽卦，代表风，其五行属木；村北部为大片农田，坤卦，代表地，其五行属土。吉安湖洲村、何君村、渼陂村等诸多村落的选址布局中都有堪舆体现（图2-3-9）。可见，堪舆风水理论伴随着古村落久远的生命进程产生和发展，是农业文明的智慧表现，因为其在传统农业历史中的积极作用得到广泛应用，成为乡村发展过程中具有普遍适应性的“规划原理”。

❶ 峡江县湖洲村
❷ 峡江县何君村

图2-3-9 **“形势宗”在吉安市传统村落中的生动表现**
（图片来源：作者自绘）

2.4 村落格局肌理和形态

村落格局与肌理受到地形地貌、水源、用地条件等多个因素的影响，村落格局与肌理首先是人与自然妥协的结果，随村落大小不一而形态各异，格局与选址又有非常紧密的联系。前一节我们对选址特征的认识主要集中在村落外部宏观环境的解读，以及选址理念、协调规律、利用智慧或技术手段等。而对格局与肌理特征的认识则聚焦在村落发展过程中的营建模式、建造法则或功能组织等方面。面对大量的村落样本，这是一个繁杂的梳理过程，似乎无轨可循，但通过对赣中地区传统村落的观察，还是探寻到了其中的规律。赣中地区传统村落的格局基本上呈现以下几种典型形态。

1
2

图2-4-1 **抚州市金溪县城湖村**
（图片来源：抚州市传统村落申报材料）

图2-4-2 **吉水市吉州区上赵塘古村**
（图片来源：吉水市传统村落申报材料）

2.4.1 依形就势紧凑格局为主

赣中地区的村落大多选址山环水绕的相对平坦地带，在处理总体布局时巧用因借，不完全追求对称与规则，且随各地经济发展不同而变化，形成自然有机的传统村落形态。紧凑布局是赣中村落布局最普遍最常见的模式，特点是紧密结合用地形状和条件，尊重自然肌理，与环境协调，形态十分多样[1]，布局科学严谨，经济节约，易于建设，可持续发展能力较好。其中一类是比较规则的，即村落布局形态比较规整，村里街巷规则平直，排列有序。这种布局往往是处于用地条件相对宽松的小环境内，给古人的营建智慧以发挥的场所，所以，建设过程中也能够按照“规划”一以贯之。例如，抚州市乐安县牛田镇流坑村，为明代中晚期规划设计，整个布局仿照城邑里坊制度，村中一条南北走向的内湖（龙湖）将村子分隔成东西两大块，而以东部为主，房舍由南向北排列，建成七横（东西）一纵（南北）八条大巷，状若棋盘。

抚州市金溪县对桥镇旸田村，村落整体坐东北朝西南，沿村前的主路向东西分布，形成“一纵多横”的村落格局，布局紧凑，街巷肌理明晰。金溪县城湖村、吉水市吉州区上赵塘古村均属于此类村落（图2-4-1、图2-4-2）。

另一种是随形就势组团格局（图2-4-3）。这也是村落格局数量较多、较普遍的一种布局形式，是接受大自然塑造的生动表现。包括表现为多组团布局和建筑的紧凑布局。组团布局通常因为可供建设的平坦用地不足，生产力水平和经济条

[1] 刘晓星. 中国传统聚落形态的有机演进途径及其启示［J］. 城市规划学刊，2007，3：57. 表1聚落形态的两种演进特征比较.

集中紧凑布局，街巷平直，规则有序，肌理清晰

坐落于吉州区北部丘陵地带，村庄经数百年发展，传统建筑成片且保存较好，风貌古朴，格局完整，是庐陵文化古村落的典型代表

件都限制了人们对用地条件的大幅度改造，于是结合小块分布的零散用地循序建设，形成最智慧、最节约、最持续的模式。组团格局中又有大松散和小松散的情形。大松散时，组团之间距离较远，组团规模比较接近，看不出主次。小松散则组团之间距离稍近，其中往往有一个较大组团是村落的格局主体。这种布局中街巷往往不强调方向，街巷纵横交错，随地形条件曲折转换，走向多变。形成的街巷空间也更加灵活，村落风貌更加自然，组团中建筑布局依旧非常紧凑。这种布局也往往结合堪舆理念设计。

❶ 抚州市金溪县上张自然村，由三个组团组成

❷ 资溪县姚家岭自然村，受山体条件限制，建筑分散布局

图2-4-3 **村落组团分散布局**
（图片来源：作者绘制）

2.4.2 隐含宗族礼制组织意识

赣中地区村落的宗族组织和礼制意识在村落格局中比较清晰的表现为，在村落格局中，注重尊卑有级，长幼有序，有明确的平面组织规定，并且多通过建筑

图2-4-4　**吉安市安福县松田自然村**
（图片来源：吉安市传统村落申报资料）

❶ 全图
❷ 局部

图2-4-5　**丰城市湖茫村**
（图片来源：丰城市传统村落申报资料）

和街巷布局体现。如吉安市安福县松田自然村，古建筑依祠、第、一般民居在规模和工艺上区分清楚，有明显层次，旨在表现儒仕等级意识（图2-4-4）。樟树市刘公庙镇塔前彭家村，靠山面水而建，形成扇形门塘特色。村中以宗祠为中心，依山层叠而上，建筑规划布局形成以嫡系血缘为纽带的“本房”聚居区，呈扇形向宗祠后两翼辐射，共计六排均布，整个村落以主宗祠为中心精致排列，科学合理。

再如前文提及的丰城市湖茫村（图2-4-5）。街巷建筑布局按照地形、规模、朝向、各房长幼尊卑和财力地位等进行组织，内部空间序列递进，逐次展开，起承转合，层次分明。布局中把世俗活动空间与田园劳作空间、祭祀空间以及普通居住空间分配得井然有序，形成既有章法又个性纷呈的村落组织肌理。

抚州市金溪县戌源村，由周姓后代聚族而居，宗族结构单一，是具有血亲、胞亲关系的大家庭。因此，户与户之间隔一条小巷，条条小巷相通，进村后可进小巷通连各家各户，单家独居较少，村落由此形成遵循宗族繁衍脉络的紧凑亲密布局结构。

宗族是以久远的血缘、亲缘关系为基础形成的非正式社会组织形式。汉代班固的《白虎通·宗教》载："族者何也？族者凑也，聚也，谓恩爱相流凑也。上凑高祖，下至玄孙，一家有喜万家聚之，合而为亲，有会聚之道，故谓之族。"因此，宗族是同一血缘、同一祖先的家族联合体，他是传统社会基本关系和组织形式之一，特别是在农村，由于具有综合的组织约束职能，并结合中国传统礼制而衍生为农村的宗法制度，延续至今仍具有显著的情感凝聚功能和农村治理的辅助作用。

2.4.3 八卦理念与仿生手段相融

仿生格局在赣中地区虽不多见，但也有少量案例。如抚州市金溪县琅琚镇疏口村，位于疏溪河北岸，村内有一条长约300米的东西向的直街，犹如拂帚之柄；其上联系着高低错落无规则的巷道，有横有斜，有直有曲，相互穿插交错，形成一个基部半圆形、东北部火焰形的拂帚上部，故人称疎口为"拂帚地"。

丰城市张巷镇白马寨村，村内巷道错综复杂，共有横、直、斜、弯巷道118条，形成一个八卦形，家家都有下水暗道。

抚州市金溪县白沿村横源自然村则号称为虎头格局。村中古井为老虎眼，古树形成老虎面部，街巷格局三横一竖成"王字"，村前池塘为老虎口（图2-4-6）。

图2-4-6 **抚州市金溪县白沿村横源村虎头形格局**
（图片来源：抚州市传统村落申报资料）

2.4.4 祠堂水塘组成村落空间核心

村落在宗族意识的影响下聚族而居，形成紧密的社会联系，具有强烈的内聚性和归属感。村落宗族的社会因素在很大程度上影响着村落的内部格局和平面肌理，这一点除了反映在平面布局中，还特别反映在公共空间的组织上。

古祠和水塘众多是赣中古村落的一大特色。但祠堂、水塘多半不是孤立的，祠堂多与屋前的风水塘、晒坪或是旁边的大厅、书院等其他建筑空间一起构成村落主要活动场所，并与风水塘、晒坪等空地有机组合，形成了公共生活和公共景观的视觉中心。水塘的方位与堪舆学有着紧密的关系，同时也是村内重要建筑，如宗祠、书院等的开门方向。

“广场”是村落中主要用来进行公共交往活动的场所，在古村落居民的交往之中起着重要的作用。村落中的“广场”与城市不同，一般是结合晒场、池塘，或一些祭祀、拜祖包括看戏的空旷地等性质的活动场所形成，或依附于祠堂而形成。村落中的“广场”是具有复合功能的一种公共空间核心。

2.5 生态与环境优势

生态指生物在自然环境下的生存状态，或人与环境构成的统一体，我们这里关注的是人在自然环境中的状态，包括人对自然环境的利用、改变，以及人与自然的相互作用和相互影响等。如果人与自然环境能够很好相处，相互尊重，就建立了一种协调关系，能够相互平衡促进。反之，人的生存会对自然环境产生消耗或毁损，打破两者之间的平衡，最终威胁人类自己的生存。我们在研究中发现，赣中地区传统村落的生态环境普遍较好，如果与甘肃、西藏等西部地区、黄土高原地区和东北部分地区比较，可以说是非常突出。这个生态环境既包括自然条件的宜居、生态系统的稳定，也包括乡村景观的秀美怡人。赣中地区传统村落生态环境良好，一是依赖江西省自然环境的客观优势，另一方面则反映传统村落在长期发展中对环境的尊重和合理利用，村落与自然普遍能够建立良好的平衡关系。

江西省生态环境在全国来说是具有优势的区域之一。2015年江西省城市空气优良率达到90.1%；全省水功能区水质达标率高出全国46.4%[1]，地表水Ⅰ～Ⅲ类水质（断面）达标率81%，均高于全国平均水平。森林资源也同样突出，森林覆盖率以63.1%一直稳

[1] 孙晓山. 充分发挥江西省的水资源优势［J］. 中国水利. 2014，12：9-12.

居全国第二。江西有林业自然保护区186个（国家级15个、省级31个），森林公园180个（国家级46个、省级121个），有庐山、井冈山、三清山、龙虎山四大名山；境内河湖密布，湿地公园84处（国家级28处、省级56处），其中44处湿地列入省重要湿地名录。有全国最大的淡水湖鄱阳湖，是全国大湖中唯一没有富营养化的湖泊[1]。当前，生态环境受到城镇化、工业化发展的影响，越是经济发达、城镇化、工业化水平较高的区域，生态环境压力越大，破坏影响越大。而生态是江西最大的财富、最大的优势和最大的品牌。赣中地区的抚州市、吉安市在江西省11个地级市的生态环境竞争力排名中分别位第一和第四[2]。

赣中地区传统村落环境特征突出表现在，一是村落周边生态环境好，植物种类多，加之气候适宜（年均温度20℃左右），属中亚热带温暖湿润季风气候，植被常绿较多，植物与水系形成完美的生态大循环。很多村落青山相依，绿树成林，良田极目，秀水蜿蜒。按照今天的标准衡量，村落中的水系大部分清澈洁净，水质良好；四季常绿，花季常鲜；空气清新，极少污染；构成一幅美丽曼妙的田园图画。当今的乡村旅游热正是乡村生态环境诱惑的生动体现。

二是受到传统文化中人与自然和谐共处的理念影响，村子内部的布局也非常重视景观环境维护。村落中古树名木或古树群广为分布，成为村中常见景色，树木枝繁叶茂，色润脉盈，叶绿花红，构成村落格局和生活的有机部

❶ | ❷

❶ 抚州市崇仁县浯漳村生态环境良好，田园景色宜人。

❷ 吉安市吉水县溢塘自然村位于丘陵地带中的河谷平地，南溪水穿村而过汇入赣江，植被绿化覆盖率达80%。

图2-5-1 **村落布局体现人与自然和谐共处**
（图片来源：抚州市传统村落申报资料）

❶ 充分发挥江西省的水资源优势. 孙晓山［J］. 中国水利，2014，12.9-12。

❷ 黄欢. “五位一体”视角下的城市生态竞争力评价研究-以江西省为例［C］. 第六届海峡两岸经济地理学研讨会。会议名称：2016第六届海峡两岸经济地理学研讨会，会议时间：2016-06-24，会议地点：中国福建福州，分类号：F299.27；F205。城市生态环境竞争力排名由低到高，南昌 < 赣州 < 萍乡 < 宜春 < 上饶 < 景德镇 < 吉安 < 新余 < 九江 < 抚州。

图2-5-2 **村中随处可见的千年古树（群）**
（图片来源：作者摄）

分，形成赣中传统村落内部环境的特征[1]，赣中地区因此有"无樟不成村"的美誉。最突出的是，村口百年古树婆娑几乎成为村落入口的标志形象和典型布局，有些古树与村落同龄，百年守候，有些甚至比村落的年龄还大。村中古树的健康状态象征着村民对植物为代表的自然环境要素的爱护，是村民朴素的生态环境保护意识的体现。同时，不难看出，生态环境与村落的选址、格局、肌理等都有着紧密关系，包括山、林、水、塘等环境要素，你中有我、我中有你，有时很难完全独立区分。赣中地区突出的生态环境稳定性，生动地诠释了赣中地区村落环境理念，以及这种稳定性中包含的人与自然的和谐关系，这是赣中地区传统村落环境景观价值的突出体现（图2-5-1、图2-5-2）。

比较典型的吉安市水南镇大坳自然村（图2-5-3），处于山地丘陵的半山腰，依山而建，坐西向东。村庄范围全部被林地覆盖。有罗汉松、楠木、银杏、云松、樟树、枫树、柏树、牛夕、山茶、杨梅、杜仲、砂仁、猕猴桃、金银花、松香、黄栀子、山苍子等各种珍稀植物及名贵中草药。据村民介绍，有野生动物鹿、野羚、狼、野猪、松鼠、穿山甲、刺猬、凤鸡、斑鸠、啄木鸟、猫头鹰等出没。整个村庄山青水秀，古朴自然，素有"天然氧吧"之称。

前文曾提到的吉安市吉州区兴桥镇钓源村，村落的先人也具有很好的生态环境意识，建村的同时种植了大量香樟树，目前尚保留有大片古香樟林。今日古木参天，绿树成荫，不仅成为村落独特一景，也成为古村重要的生态景观资源，并因此塑造出一个独具魅力的当代美丽村庄。

[1] 例如，山西传统村落中多数是在院落中布置盆景绿植，街巷和建筑院落中树木种树的情况非常少。而在甘肃、新疆、西藏等区域，受到气候水文条件的限制，生态环境和绿化水平远不如江西（赣中地区）。

图2-5-3 吉安市水南镇大坝自然村
（图片来源：吉水市传统村落申报资料）

2.6 村落历史文化价值特征

2.6.1 赣中地区物质文化遗产在江西省具绝对优势

我们用各级文物保护单位、各级政府认定的历史建筑、传统建筑的分布、数量[1]等，来反映村落中物质文化遗存情况。

江西省传统村落中，国家级重点文物保护单位共31处，最多的上饶市婺源县沱川乡理坑村中有5处；省级文物保护单位共298处，最多的是抚州市金溪县浒湾镇浒湾村36处；市级文物保护单位306处，最多的是抚州市金溪县浒湾镇浒湾村39处；县级文物保护单位1333处。

从传统村落中的历史文化资源数量规模来看，赣中地区占有绝对优势。其中，省级文物保护单位和市级文物保护单位数量占江西省高达70%以上。市级

[1] 各项物质文化遗产数量来自村落统计，作者调研中发现个别村落数据不够准确。分析中已剔除。

❶ 全省传统村落中自然村共84个，排除4个没有数据的村落，全部传统建筑占村庄建筑总面积的比例分析时，自然村按照80个计算。

❷ 赣中地区传统村落中自然村共46个，排除2个没有数据的村落，全部传统建筑占村庄建筑总面积的比例分析时，自然村按照44个计算。

政府认定的历史建筑数量占到全省的93.3%。

从历史文化资源分布密度来看，赣中地区除国家级重点文物保护单位资源密度略低于全省外，其余六项物质文化资源的密度均高于全省水平。其中，市级政府认定的历史建筑密度赣中地区是全省的一倍（表2–6–2）。

再从全部传统建筑占村庄建筑总面积的比例看。有两个统计口径，行政村和自然村。由于行政村之间的规模差别非常大，建筑规模差别也非常大，而且很多传统村落实际上只是行政村中的一个小组，行政村也存在合并过的情况，按照自然村口径的分析更能反映传统建筑的客观性和有效性。因此，按照自然村和行政村两个口径分别做了分析。其中，全省传统村落中自然村共84个（占48%），在自然村中全部传统建筑占村庄建筑总面积的比例约为59.8%[1]，在全部村落中（含行政村）占56.6%；赣中地区自然村共46个（占59.7%），在自然村中全部传统建筑占村庄建筑总面积的比例约为67.2%[2]，在全部村落中（含行政村）占63.3%。由此可见，赣中地区的数据还是明显高于全省（图2–6–1）。

❶ 全省行政村口径
❷ 全省自然村口径
❸ 赣中地区行政村口径
❹ 赣中地区自然村口径

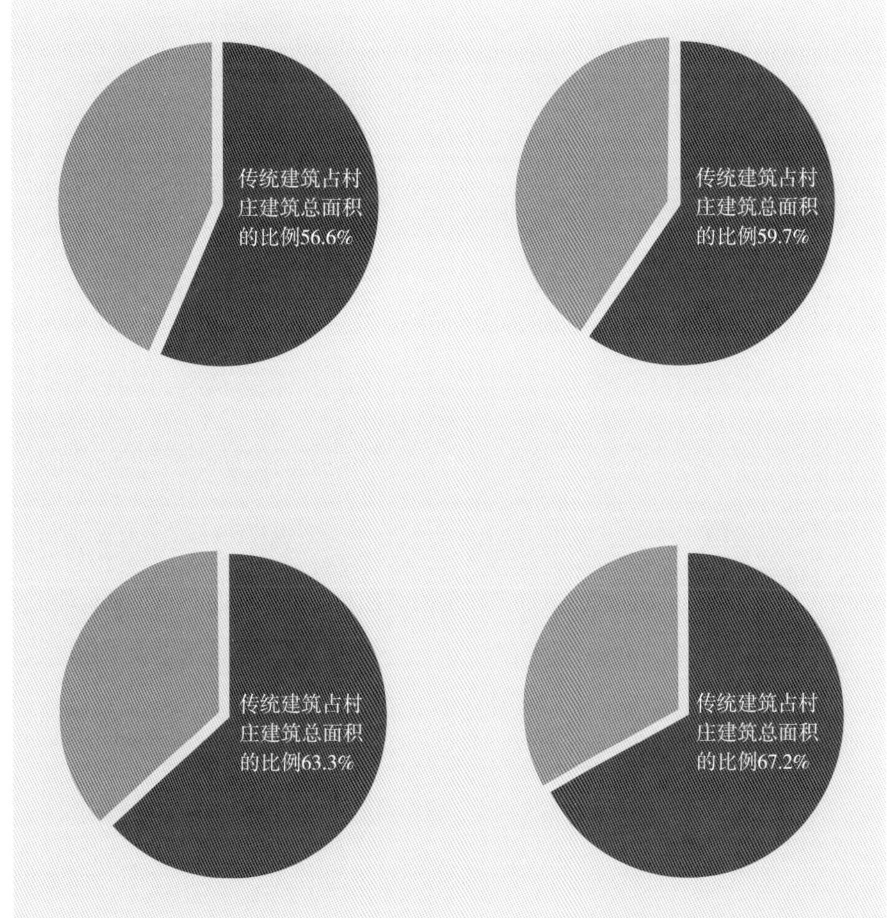

图2–6–1 **全部传统建筑占村庄建筑总面积的比例（赣中地区与江西省比较）**
（图片来源：作者自绘）

江西省是全国传统村落数量规模位列前茅的省份，而赣中地区又是江西省传统村落数量、密度、价值、特色最突出的区域，是江西省乡村历史文化资源分布和保护传承的核心区域。甚至赣中地区每个村落中各级文物保护单位数量不输于我国历史文化名村8.8处的数量（赣中地区县级文物保护单位数量较大，各级文物保护单位平均每个村子达10处，显示出县级政府对文物保护的高度重视，表2–6–1、表2–6–2）。对这一地区传统文化保护发展研究具有鲜明的典型性和代表性，对推动全省的传统村落保护规划和政策实践具有重要的基础和引领作用。这也是我们选择赣中地区进行村落规划综合改善和村落功能提升的重要原因。

2.6.2　传统民居是村落文化的窗口

传统民居是比文物、历史建筑更加丰富的文化窗口，可以说，所有的传统村落都有突出的传统建筑风貌，并各领风骚，各具魅力。赣中地区传统民居既有徽派的影子，也有庐陵的样子，并融入了更丰富高超的工艺技艺。

赣中地区与江西省历史文化资源对比分析表　　表2-6-1

	国家级重点文物保护单位（处）	省级文物保护单位（处）	市级文物保护单位（处）	县级文物保护单位（处）	三普新登记文物（处）	市级政府认定的历史建筑（处）	县级政府认定的历史建筑（处）
江西省	31	190	306	1225	1982	1073	3798
赣中地区	13	145	224	597	1248	1002	1894
赣中地区占江西省比例	41.9%	76.3%	73.2%	48.7%	62.9%	93.3%	49.8%

江西省及赣中地区历史文化资源密度分析表（个/村）　　表2-6-2

	江西省	赣中地区
国家级重点文物保护单位	0.178	0.171
省级文物保护单位	1.09	1.91
市级文物保护单位	1.76	2.94
县级文物保护单位	7.04	7.85
三普新登记文物	11.39	16.42
市级政府认定的历史建筑	6.16	13.18
县级政府认定的历史建筑	21.82	24.92

（注：表中数据来自江西省传统村落申报文件。其中，宜春市丰城市张巷镇白马寨村各级文保单位均填写108处，有误，故计算中将其剔除。按照江西省174个村落、赣中地区76个村落计算。）

赣中的传统民居型制和技艺到唐代已经比较成熟，著名建筑师、工匠何稠到景德镇进行了琉璃瓦烧制的实验，并取得成功。在这一时期，凭借领先的制砖技艺和琉璃瓦等材料的使用，为赣中地区民居的独领风骚创造了条件[1]。宋代赣中地区的建筑工具得到了长足的发展，此时赣中民居也逐渐走向定型。经济的繁荣极大促进了建筑技术的发展，促进了手工业和建筑技艺的不断改进增强。在堪舆理论的指导下，两宋民居无论在选址、布局、样式还是功能上，都较唐、五代时期有了较大发展。宋代的建筑设计，讲求形式轻巧，结构灵活，增大室内空间。斗栱和琉璃瓦的应用，突出了形式美。为了简化设计，便于施工，产生了建筑构件制作的统一比例。当时朝廷颁布的《营造法式》，以材为模数，规定新建或扩建殿堂，必先有图，按图营造。

明清时期，随着人口的流动和迁移，江西地区的民居形式逐渐出现了分化。赣东北的山区，以及环鄱阳湖地区，民居形式多为徽派风格；赣南地区民居则受到客家文化的影响，呈现出明显的客家特征；赣中地区保留和发展了自身建筑特点。赣商在外地发迹后，便投资家乡的土木建设，而且将外面的新鲜元素注入建设当中。吉水县金滩镇燕坊村保存了100多栋古建筑，每栋建筑都风格各异，被称为“具有明显商业特征的庐陵民居博物馆”。

赣中地区传统民居大部分以天井为中心，一般围绕一个或者多个天井布置正堂、厢廊甚至倒厅，形成顶部采光、三面开敞甚至四面开敞的核心空间，作为建筑的主体。此种天井式建筑，与北方以院落为中心的建筑格局截然不同。建筑结构大量使用穿斗和抬梁穿斗（或称插梁）混合结构，平面形状通常较规则，基本以矩形平面布局为主，外部以大面积墙体包围，除屋顶露出外，其余木构架基本均被隐藏。有时，甚至屋顶也被部分隐藏。顶部轮廓线则为山墙、屋脊和檐口。建筑高度一至二层为主。由此组成的村落形成了朴素统一的外部形象，是江西省地方建筑的主流。墙体砌筑工艺往往非常精致，形成了浑厚致密的质感。赣中地区传统民居建筑立面朴素，大门常用门罩，外墙通常都以砖雕、石雕或木雕花窗掩盖窗洞，做工亦甚精湛。构件装饰是赣中地区传统民居精华所在，包括庭院和天井中的檐下出挑构件、内檐结构连接构件、柱础、门窗槅扇和各种天花，大量使用雕刻形成复杂形态或进行填充。这些华丽细致的装饰大多隐藏在建筑内部，未入门者不得见，体现江西人内敛低调的生活智慧（图2-6-2）。

2.6.3 非物质文化遗产丰富多元，充满生机

非物质文化遗产是传统文化的重要组成部分，也是传统村落的重要特征。我国传统村落申报评审中，专门强调非物质文化遗产要保持良好的传承情况，包括具有传承人、传承场地、传承活动和资金等。

[1] 景德镇的陶瓷和琉璃瓦，广泛使用在全国各地的建筑装饰中。相同的建筑材料结合不同地域建筑建造艺术可以创造出不同的建筑文化杰作。因此说，景德镇的陶瓷和琉璃瓦结合赣中地区建筑建造为赣中地区建筑风格的形成和建筑特色彰显创造了基础。

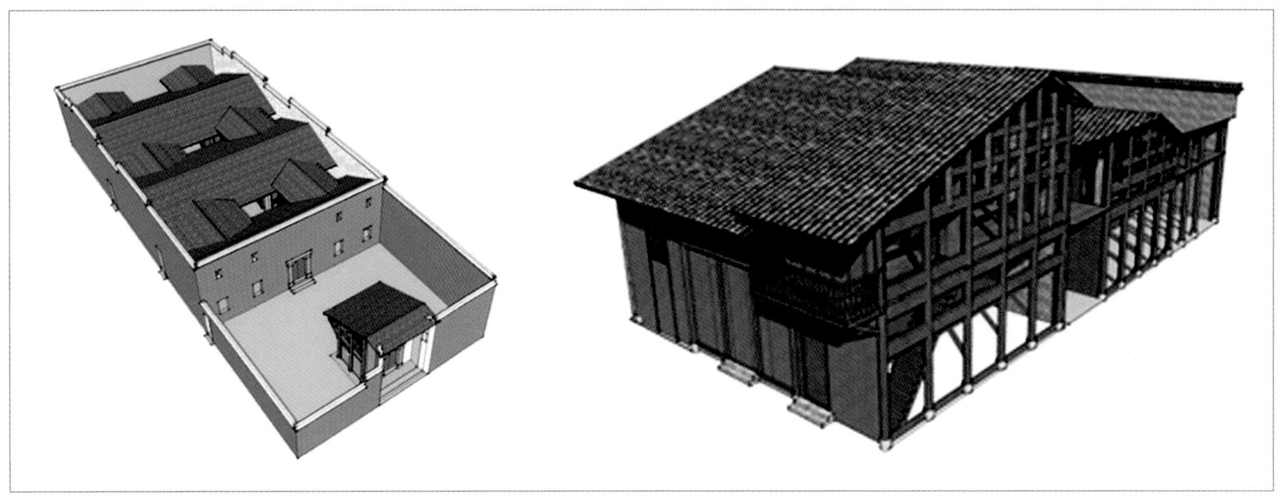

图2-6-2　**抚州传统院落轴测图及建筑剖面图**
（图片来源：作者自绘）

赣中地区传统村落非物质文化遗产中有国家级、省级、市县级，大半村落中的村民能够参与活动，传承情况尚好。非物质文化遗产主要包括传统舞蹈、戏曲、习俗、工艺技艺等。例如，国家级非物质文化遗产傩舞（图2-6-3）。傩舞源于原始的巫舞，是古代驱疫逐鬼的一种仪礼式舞蹈形式的演变。许多村落均有传承活动，抚州市的崇仁县浯漳村每年的端午前后几天都是跳傩舞的时间。跳傩当日仪式十分隆重肃穆，跳傩舞的人前一日沐浴净体，身穿夏良（土织布）、渔网衫（渔网或披风），衣下摆吊有荷包、香袋、铜钱等物，走起来叮当作响，每个傩神由两人相扶打扇，过街游村。表演时有五对傩神面具，共十个傩神角色。五对面戴古代名将或神话传说人物面具的艺人，伴着锣鼓的节奏，结合人物的身份，或持刀执剑，翩然起舞，或兵戎相见，激烈对打，赛舞竞技。

再如国家级非物质文化遗产采茶戏、花钗锣鼓等。采茶戏是流行于江南地区和岭南一些省区的一种传统戏曲类别，种类繁多，各地特色鲜明，传承的代

❶　❷

❶ 傩舞

❷ 采茶戏

图2-6-3　**国家级非物质文化遗产**
（图片来源：百度百科）

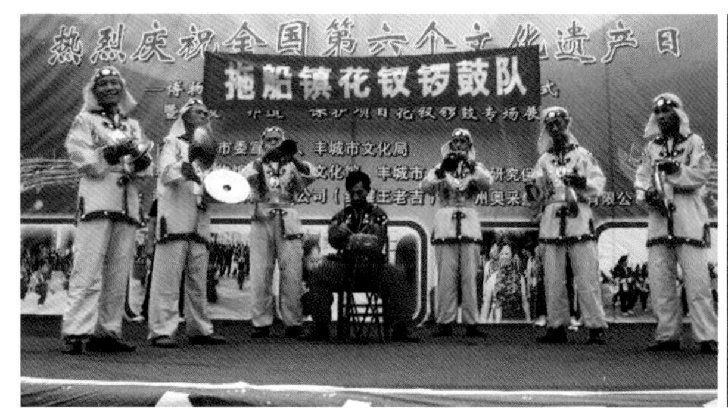

图2-6-4 **丰城市赤坑自然村国家级非物质文化遗产花钗锣鼓**
（图片来源：百度百科）

表村落有抚州市金溪县彭家自然村等。

花钗锣鼓也称“吹打”（图2-6-4），主要分布在丰城市，起源于南宋时期，成形于明末清初，有着900多年的历史。花钗锣鼓风格粗犷，节奏明快，音乐优美，曲调激越，深受丰城民众喜爱。

非物质文化遗产对村落依存度非常高，完全依赖人的活动，换句话说，只要村落的物质文化遗产和生存空间处在较好的保护状态，村落中就一定保留有非物质文化遗产，并且大部分能够很好地生存和传承。一旦村落出现空心化、严重空心化，甚至闲置废弃，对非物质文化的保存和传承是极大的伤害，这是我们高度关注传统村落空心化的重要原因之一。

非物质文化遗产以其内在的魅力使人们产生对家乡的依恋，是乡愁情愫的根，彰显着文化的凝聚力。丰富的非物质文化遗产不仅反映出传统文化深厚的传承力和延续力，也极大地提高了传统村落的价值。

在以上对赣中地区的研究中不难看到，这个地区无论物质文化遗产，还是非物质文化遗产都高度集中，资源丰富，包含了深厚的历史价值、文化艺术价值，以及景观环境价值等。特别值得注意的是，村落社会经济职能是支撑农业文明发展的最基本属性，不仅为今天的历史文化价值保存和延续提供了保障，更为传统文化的现代传承和发扬保驾护航。因此，我们强调，对赣中地区传统村落的保护，不仅是历史、文化艺术、景观环境价值的保护，还要特别强调对社会经济价值的保持，应当坚持保护与发展双轨并行，合理利用，主动传承，积极探索赣中地区乡村振兴的有效路径。

2.6.4 重视修谱建志，凝练浓厚乡愁

修谱建志指村落中的家谱编制修订或村规民约规制。家谱亦称族谱、宗谱、家乘、世谱，有通谱、统谱、支谱等。我国的乡村管理机制与城市

有着巨大差别，例如，对于城市，其发展历史、城市沿革、城市建造过程，以及名人轶事或重大历史事件等内容主要靠城市志记载留史，城市志的体例比较严谨、客观、详实。城市发展的动态过程也存在大量统计数据可供研究。而在广大的乡村地区，没有这种统计方式。相对应的完全依靠乡村的自制自理，在这种机制下，家谱族谱就成为乡村历史发展记录的最生动有效的民间利器。“家谱是记载同宗共祖的血缘集团世系人物和事迹等情况的历史图籍，它与方志、正史构成了中华民族历史大厦的三大支柱”[1]。这种记载方式高度契合以血缘家族为核心的村民社会形态，最大化地保持着历史信息的完整和延续，“家谱蕴藏着大量人口学、社会学、经济学、民族学、教育学、人物传记及地方史的资料，对开展学术研究有重要价值，同时对海内外华人寻根问祖，增强民族凝聚力也有着重要意义”，[2]家谱成为今天我们研究乡村发展的重要资料（图2-6-5、图2-6-7）。

在对赣中地区传统村落观察中，我们发现这个地区的村落极其重视谱志编撰，可以说，几乎每个村子都保有一份长短不一的族谱或家谱。村落越大、时间越长、族姓越集中，族谱的时间往往也越长、记载越详实、内容越丰富。包括村落发源迁徙、村落选址、战争饥匮、祠规家训、村规民约、建筑工艺、传统习俗、善德义举等，几乎涉及村落所有生活生产的踪迹。当我们把这些分散的谱志集中联系起来不难发现，谱志实际上是乡村社会管理的“法规”，它把赣中地区乡村民生文化文明的生动历史跃然纸上。我们对这个区域传统村落的认识大量来自这种方式的记录，我们不妨看看几个鲜明有意思的案例。

抚州市金溪县药局自然村《礼源余氏宗谱》记录：祭岁祀务，宜极其诚敬礼仪有制；明尊卑，序长幼，凡进退言动，当恂恂守礼；祖宗家倒塌者，宜补培护坟；大小树木勿剪勿伐；冠笄丧祭古有定仪，悉遵文公家礼；婚娶必白礼义之家女性纯良者；酌多寡以赈恤流落子孙；学悌忠信之行礼义廉耻之节；子弟非习诗书则力本或逐末，勿游戏从匪类，以玷家规而崇尚虚无妄言祸福，与诸妇并切戒之。此宗谱寥寥数行，已包括重视礼仪、遵守公德、保护环境、子女教育、婚丧嫁娶等多方面的规定，非常全面仔细。

抚州市合市镇的湖坊村仲岭自然村，在胡氏族谱中记载了村落发展过程中的重教善行、扶贫济困等社会活动。如“复兴义学记”记载“设教子孙，遂科名序庠，代有文人”；“赈饥小引”记“置义庄义田，以厚宗族，恤周亲甚盛举也”；“义济仓序”记录了村中扶贫济困的村规，“吾族人三百余户，接壤而居，空乏者多……慷慨捐谷二百石入祠，俾族人经理，以济族中贫乏”。通过读谱，还清晰地绘制出村落选址建村数百年的历史文脉。

安吉县彭家村《安溪彭氏家训》告诫族人，重祭祀、明礼仪、尚孝悌、慎风化、明赏罚。有的村规要求“共敦孝弟、正家庭、睦宗族、动職业、明礼让、黜异端、存忠

[1] 文化部办公厅关于协助编好《中国家谱总目》的通知，2001.2.7。

[2] 同[1].

厚、息争讼、节奢侈、戒鄙吝”；也有村规为了保护公共卫生环境，规定“鹅鸭永远不许下田，违者送官究治”。

抚州市高坪村《乐氏族谱》记录了高坪村和全国的乐氏人（图2-6-6），最早可以追溯到列国时期。抚州市金溪县郑坊自然村，关于村落基址图、历代光宗耀祖达人，以及与其相关的重大活动事迹等，均出自《东田王氏族谱》。

吉安市青原区源头自然村杨氏家训、家规——诚斋文节公家训（1756年修）：吾今老矣，虚度时光，终日奔波，为衣食而不足；随时高下，度寒暑以无穷。片瓦条椽，皆非容易，寸田尺地，毋使抛荒。竦惰乃败家之源；勤劳是立身之本。大富由命，小富由勤。男子以血汗为营，女子以灯火为运。夜坐三更一点，尚不思眠；枕听晓鸡一声，全家早起。门户多事，并力支持。栽苎种麻，助办四时之衣食；耕田凿井，安排一岁之粮储。养育兹牲，追陪亲友，看蚕织绢，了纳官租。日用有余，全家快活。世间破荡之辈，懒惰之家，天明日晏，尚不开门，及至日中，何尝早食。居常爱说大话，说得成，做不成；少年多好闲游，只好吃，不好作。男长女大，家火难当。用度日日如常，吃着朝朝相似。欠米将衣去当，无衣出当卖田。岂知浅水易干，真实穷坑难填。不思实效，专好虚花。万顷良田，坐食亦难保守。光阴迅速，一年又过一年。早宜竭力向前，庶免饥寒在后。吾今训汝，

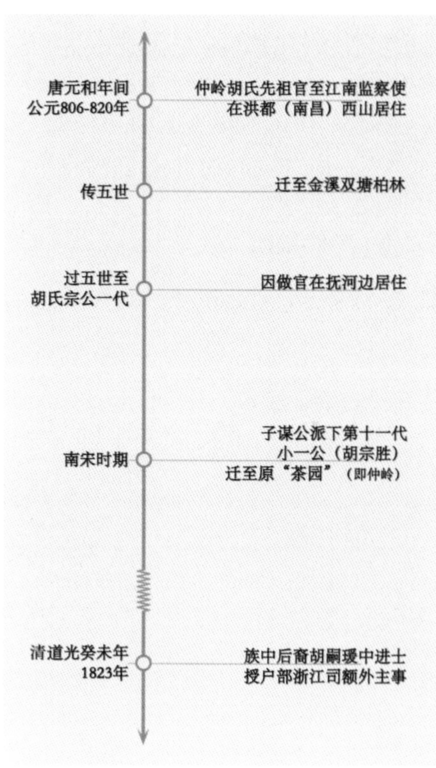

图2-6-5　家谱中读出的历史文脉
（图片来源：作者自绘）

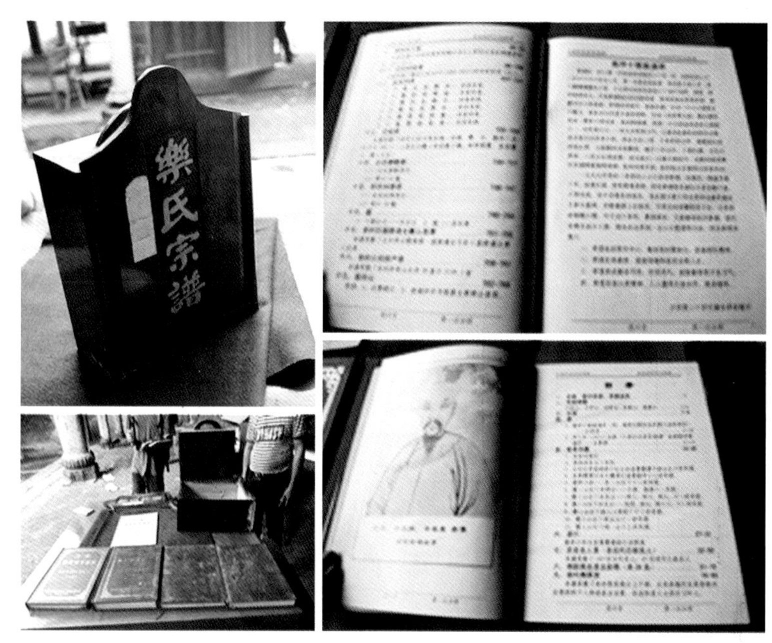

图2-6-6　抚州市高坪村《乐氏族谱》
（图片来源：高坪村《乐氏族谱》）

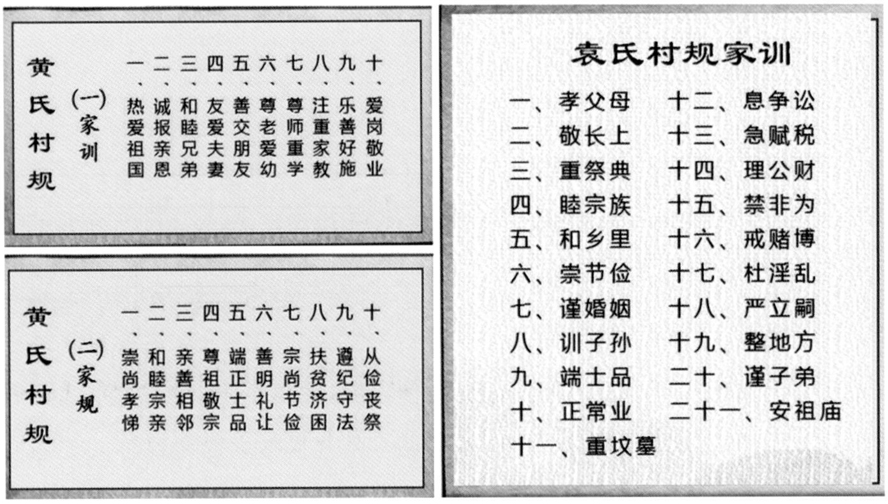

黄氏村规

(一)家训

一、热爱祖国
二、诚报亲恩
三、和睦兄弟
四、友爱夫妻
五、善交朋友
六、尊老爱幼
七、尊师重学
八、注重家教
九、乐善好施
十、爱岗敬业

黄氏村规

(二)家规

一、崇尚孝悌
二、和睦宗亲
三、亲善相邻
四、尊祖敬宗
五、端正士品
六、善明礼让
七、宗尚节俭
八、扶贫济困
九、遵纪守法
十、从俭丧祭

袁氏村规家训

一、孝父母　十二、息争讼
二、敬长上　十三、急赋税
三、重祭典　十四、理公财
四、睦宗族　十五、禁非为
五、和乡里　十六、戒赌博
六、崇节俭　十七、杜淫乱
七、谨婚姻　十八、严立嗣
八、训子孙　十九、整地方
九、端士品　二十、谨子弟
十、正常业　二十一、安祖庙
十一、重坟墓

图2-6-7　**吉安市新干县上寨村袁氏村规家训**
（图片来源：袁氏村《袁氏家谱》）

莫效迍邅，因示后生，各宜体悉。此家训俨然是中国传统文化的浓缩版。

重视修谱建志现象，不仅为我们今天乡村历史研究提供了便利，更重要的是体现了家族社会的凝聚力，体现了先民对家乡的热爱和自豪，这是"乡愁"、"乡情"产生的制度基础，谱志不仅记载历史，自己也是历史的一部分。从这个角度说，赣中地区重视修谱建志则具有了文化特征意义和文化价值属性。

2.7　村落人居环境总体水平

2.7.1　村落规模普遍偏小[1]

村落规模包括村庄占地面积和人口两部分，占地规模指村落集中建成范围用地。赣中地区传统村落占地平均规模偏小，约为58.4公顷，大约是全国村落平均占地规模的一半，比江西省的平均规模也小。这与赣中地区丘陵山地、用地条件有限、不易形成大面积平坦土地特征非常一致。

从人口规模分析来看（表2-7-1），同样，赣中地区无论户籍人口，还是常住人口都比全国和江西省规模要小。结合村落占地规模来看，传统村落密度越大规模越小。这进一步印证赣中地区大部分处于丘陵、河谷、盆地，用地条

[1] 由于村落分四批申报时间不同，村落的面积、人口、收入等数据的统计时间不一，对比较分析会产生一定影响，此处分析结果仅供参考。

赣中地区传统村落平均规模及比较分析表　　表2-7-1

	村庄占地面积（公顷）	户籍人口（人）	常住人口（人）	村落人口密度（人/公顷）	流出人口（人）
全国[1]	105.82	1351	1257	11.9	
江西省	73.86	1467	1251	16.9	213
赣中地区	58.40	1296	1070	18.3	223

件局促的山水环境和村落选址有紧密关系，这与实践中的情况也基本吻合。

村落规模特征至少给我们两个启示。其一，村落建设规模的大小与村落特色形成和历史价值积淀没有直接关系。一方水土一方人，一方老乡一方情，在赣中每个小小的村落中都积淀着优秀的传统、传递着深厚的文化、蕴含着独特的魅力。这是农业文明的馈赠，是工业文化无法制造的。其二，赣中地区传统村落的人口密度较高，相对于西部、东北等人烟稀少的情况来说，历史文化传承的基础要好，通过历史文化保护激发村落活力的基础更好。同时启示我们，村落保护实践和管理中针对人的政策或措施的有效性必须提高。

2.7.2　经济总体水平较差

2.7.2.1　村民年均人收入普遍较低

江西省处于我国中部，无论城镇化、经济总量、工业经济等指标排位均不在全国第一阵营，基本属于中等水平。而赣中位于江西省的中部，乡村经济社会发展水平也处于不乐观的状态。村民年均收入低于全省，更低于全国，约相当于全国的75%，差距还是比较明显的（表2–7–2）。如果对比村民最高收入，赣中与全省、全国差距更大，分别相当于全省的66.3%，不足全国的三分之一。

村民经济主要以传统种植农业为主。但已经开始逐步多元化发展，如村落集体经济较好和村民收入较高的村落，主要依靠加工业，手工业，特色和生态农业（种茶、食用菌、油茶、毛竹等），商贸运输等产业。特别是许多村落开始发展旅游业[2]（占比11.8%），对富民强村具有积极作用。开展旅游功能的村落主要分布在吉安市的吉州区、青原区、井冈山市、抚州市乐安县等地。

2.7.2.2　村集体经济略好

另一方面，以村庄集体为单位来看，赣中地区农村经济发展水平相对较好。虽然相对富裕村的比例低于全省，不足全国水平的一半。但是，赣中地区贫困村比例却明显低于全省，也低于全国，说明赣中地区传统村落的经济实力面上较差，但深度贫困的情况却大大

❶ 全国数据来自：郝之颖. 我国传统村落状况总体评价及几点思考［J］. 中国名城. 2017（12）：6. 表2.

❷ 江西省传统村落开展旅游村落比例为14.9%，高于赣中地区。

赣中地区传统村落经济状况 **表2-7-2**

	村集体收入（万元）	村民收入（元）	村民最高收入（元）	相对富裕村比例（%）	贫困村比例（%）
全国[1]		7143	50000	21.7	12.9
江西省	53.3	5670.4	21096	9.9	9.4
赣中地区	67.3	5366.1	14000	9.2	11.8

（注：1. 相对富裕村，指农民人均纯收高于9892元的村落；贫困村，指农民年人均收入低于2300元的村。2. 由于中国传统村落是分四批陆续公布的（2012.12、2013.6、2014.12、2016.12），传统村落上报和统计数据的时间点不一致。由于第三批和第四批数量比前两批大很多，在村民人均收入分析时，相对富裕村采用了2014年国家统计局公布的全国农村居民人均纯收入为9892元的数据进行比较，贫困村采用了2014年我国社会保障农村扶贫标准2300元的数据进行比较。3. 本书中贫困村是依据村民人均收入水平划分的，与国家扶贫政策中贫困村定义略有不同。）

好于全省，集体经济收入也高于全省水平。这充分反映出赣中传统村落选址的自然环境和农耕条件比较突出，在传统农业社会发展阶段具有相对优越的条件，在工业化、城镇化发展阶段依旧延续了一定的基础优势，在传统村落保护和传承发展中要特别发挥利用好这个优势。

2.7.3 人口流出现象普遍

同我国传统村落普遍问题相同，赣中地区传统村落的人口流出现象也非常突出（图2–7–1）。在对赣中地区传统村落观察中，2/3的村落存在人口外流情况，人口基本稳定的大约只有1/5，有人口流入的村落仅有8%（表2–7–3）。如果把人口流失率17.5%作为控制监测点[2]，即小于17.5%视为符合城镇化正常状态，大于17.5%属于出现人口流失迹象的话，赣中地区传统村落出现人口流失迹象的村落占到36%，流出情况非常显著。大量的人口流出一方面导致劳动力人口的流失，严重影响到村落的肌体健康。另一方面，随着人口流失又导致农房大量空置，并最终导致村落彻底衰败，难以扶持或拯救。目前，赣中地区传统村落已经开始出现农房闲置废弃现象（有3.89%），值得高度警惕。必须抓紧时间，加大政策扶持，积极抢救，避免造成乡村传统文化的严重损失。

另外，从反映村落生活延续性和可持续发展潜力的人口流入情况看，赣中地区传统村落人口流入村落的比例虽然低于全国和江西省的水平，但也有8%的村落有人口流入，说明赣中这些村落具有一定的活力，应特别关注这部分村落传统文化的科学保护，积极利用，加强村落功能提升，发挥好传统文化在未来发展中的重要作用，保持村落的可持续发展。

另一个值得注意和有意思的现象是，从人口流出村落占比的全国、江西省和赣中地区比较看，赣中地区的流出村落比例均低于前两者，而人口流动稳定村落占比却高于前两

❶ 全国数据来自“十二五”科技支撑课题《传统村落适应性保护及利用关键技术与示范》（编号：2014BAL06B01），任务一：传统村落的价值综合评估关键技术研究。

❷ 17.5%作为人口流失监测点，来自“十二五”科技支撑课题《传统村落适应性保护及利用关键技术研究与示范》（编号：2014BAL60B01），任务一：传统村落的价值综合评估关键技术研究。人口流失率小于17.5%可以认为具有城镇化的合理性，大于17.5%意味着出现严重流失迹象。

图2-7-1 **金溪县某空心村**
（图片来源：作者摄）

分区域人口流动及空心村状况分析 **表2-7-3**

	人口流出村落占比（%）	人口流动稳定村落占比（%）	人口流入村落占比（%）	半空心村占比（%）	严重空心村占比（%）
全国[1]	68.75	17.58	13.39	11.46	4.02
江西省	66.85	20.50	10.28	4.67	2.92
赣中地区	65.33	22.67	8	4	0

（注：1. 人口流动稳定村落指人口基本没有变化的村落（流失率为0），半空心村指人口流失率大于50%，严重空心村指人口流失率大于70%。2. 其中江西省半空心村8个、严重空心村5个；赣中地区人口流动稳定村落17个、半空心村3个、无严重空心村。3. 半空心村和严重空心村分别统计，两者不重复。）

者。并且出现人口流失迹象和闲置废弃现象村落的比例也均低于全省的情况（全省分别38%、6.3%），无严重空心村。这可以解释为，尽管赣中地区传统村落的现代经济发展条件并不优越，但传统文化的"乡愁"使人们乡情深厚，对家乡保留着浓浓眷恋，良好的山水环境、自然生态和生活习俗牵绊着人们故土难离。这可能也是尽管赣中地区同全国一样，普遍存在乡村人口流失现象，但无论空心村，还是严重空心情况均略好于全国和江西省平均状况的原因之一。

2.7.4 基础设施水平参差不齐

2.7.4.1 排污及环境卫生是基础设施的严重软肋

我国城镇化过程中，城乡差距始终存在，最大的差距之一就在城乡基础设

❶ 全国数据来自：郝之颖. 我国传统村落状况总体评价及几点思考［J］. 中国名城. 2017（12）：10表7.

施方面，污水设施建设始终是农村最大的问题和困难。由于农村居住分散，排放规模较小，部分已经建设的污水厂无法形成经济规模，无法保持正常运行。乡村水冲厕所没有完全普及，许多村落还在使用旱厕。除去少量分布在城镇附近的村落可以依托城镇进行污水统一处理外，绝大部分村落没有污水处理设施，甚至没有收集设施，直接排入自然水体，对地面及地下水环境都产生一定影响。随着农村生活的提高，污水中的成分越发复杂，排放量也出现增长，污染威胁和环保压力也在不断加大。

环卫设施长期以来，也存在与污水设施同样的问题。尽管农村垃圾处理技术一直在攻关，但适宜于分散化小规模的生态方式或处理技术始终不成熟。目前垃圾经过单户或多户集中收集后，比较多的处理方式包括：简易处理、卫生填埋，或送往镇（县）集中处理。这些措施运输成本高、不方便、管理难度较大。

赣中地区的传统村落大部分只能简易处理，此类处理方式占到54%[1]，超过一半。送到城镇集中处理或卫生填埋的合计仅占1/3左右（送往城镇集中处理的27%、卫生填埋的8.1%）。仍然有14.86%的村落采取直接焚烧的方式，虽然大大低于全省传统村落26.5%的情况，但还是严重影响环境。

2.7.4.2 道路及配套设施大有改善，供电和网络基本覆盖

基础设施最好的是村落公路和道路建设，以及电网设施建设。其中，全国传统村落自然村硬化道路通村的比例已达82.43%，接近3/4的村落通宽带。赣中地区基本做到沥青路或水泥路通村。村中道路也普遍开展建设，村中土路的情况基本消除。同时，有些村落在道路改造更新的同时，还注意保存了传统砖石小路的形式，保留了传统工艺和地方材料。

农村电网及有线电视和网络（“双网”）普及率也非常高，除个别高度分散在偏远地区村落外，农村“双网”基本不存在问题。村落公共配套设施情况也比较好，其中卫生室、活动室、小学配建基本保障，部分村落能够设置公交站点。总体上看，公共配套的人居环境远远好于基础设施建设。

另外，供水设施建设情况好于污水处理及环卫设施情况，但赣中地区自来水入户普及率低于全省传统村落（全省传统村落自来水入户59.4%，赣中地区48%），还是相对落后。

赣中地区传统村落基础设施总体水平不高，城乡差距明显，在江西省也处于相对不足地区。因此，基础设施改善和建设是赣中地区传统村落保护、发展的重要攻坚工作。

[1] 赣中村落环卫统计：简易填埋的40个，送往陈真集中处理的20个，卫生填埋的6个，直接焚烧的11个。3个未统计（计算中排除）。另外，全省简易填埋的67个，送往城镇集中处理的55个，卫生填埋的23个，直接焚烧的44个。9个未统计（计算中排除）。

2.8 面临的生存和发展困境

2.8.1 村落空心化现象严重

前文已述及，赣中地区传统村落空心化现象严重，新的建筑多分布于村落的外围，村落中心破败不堪。村庄人口流失问题突出，老龄化现象严重，留守儿童居多。村内大量的老房子被闲置，常年无人居住，年久失修，又直接加剧了老房子的衰败。部分传统村落几乎全村人去屋空，仅剩几户人家居住。村落中只有一些重点文物保护单位得到勉强维护"苦苦支撑"，大部分传统民居（乡土建筑），尤其是一些空置的民居，损坏非常严重，坍塌情况频发，亟待抢救修缮。

2.8.2 排污及环卫基础设施短板突出

排污及环卫基础设施尚待完善是传统村落的普遍问题，赣中地区同样突出，主要是污水排放和环境卫生设施建设长期不到位。这个问题不仅直接影响村民生活水平提高和村落功能提升，也会影响生态环境保护与建设。特别是村落基础设施具有很强的"适应性"和"区域性"特征[1]，在历史长河中，不同地域的乡村积累了非常丰富的具有当地适应性的方法和传统技艺。我们对传统村落综合改善及功能提升的核心是从基础设施短板着手，让其功能和机制能够满足现代生活需求和质量标准[2]，使其按照新的发展目标延续下去。我国城乡振兴战略提出，要推动城市基础设施向乡村延伸。要逐步消除城乡间基础设施差距，补齐乡村发展短板，让人口在城乡都能享受同等舒适的生活，在保持乡村文化和风情的基础上，推动乡村生活品质和质量的提升，实现乡村高质量发展。在补齐短板和逐步消除差距的过程中，也应当重视基础设施的区域性特征，通过传统方法技艺与现代技术结合，探索具有赣中地区适应性的基础设施建设发展模式。

2.8.3 产业凋敝，活力不足

传统村落大多拥有珍贵的历史文化遗存与丰富的自然资源，但大部分传统村落以农业经济为主，仅有少量农村商业，且主要是一些小商贩、小手工作坊。在农业产业中多以种植业为主，在种植业中又多以粮食种植为主，副业比重很小，产业结构呈现单一的结构特

❶ 魏成，苗凯，肖大威，王璐．中国传统村落基础设施特征区划及其保护思考［J］．现代城市研究．2017，11：4.

❷ 许建和，王军，梁智尧，等．传统村落人居环境实测与分析——以湘南地区上甘棠古村落为例［J］．四川建筑科学研究，2010，36（4：257）.

点。赣中地区多为丘陵山地，可耕作面积少，加上农业现代化发展基础和条件有限，长久以来的农业经济并未给村民创造富足的生活。

20世纪80年代末，90年代初乡村旅游开始兴起，近十几年发展进一步加速，成为乡村产业兴旺的重要手段。但在旅游开发建设中，普遍存在旅游景点低水平打造、休闲项目重复建设、旅游同质性发展、服务水平和建设档次较低等问题。这些问题直接导致留不住游客，自然也难以获得切实的经济效益，旅游开发与村落发展也陷入恶性循环之中。目前，进行旅游开发的主体主要有两种形式，一种是"政府+开发商+村民"模式；另一种是完全由政府投资主导的旅游开发。不管是哪种开发模式，除了少部分勉强维持运营外，大多数的村落旅游入不敷出。尽管拥有较好的文化资源以及丰富的自然资源，但因产业发展以及开发的不合理，使得文化资源和自然资源并没有在传统村落发展中发挥更好的作用。这成为我国传统村落文化传承和经济社会发展亟待关注和解决的又一个关键问题。

2.8.4 村落传统风貌破坏

风貌破坏是传统村落文化破坏中非常突出的问题之一。导致风貌破坏的情况很多，包括建筑改造、街巷更新、历史环境损毁（古桥、古井、古树、古牌坊、古城墙、古牌坊）等。如建筑建造中建筑体量、建造材料、平面形制、空间尺度、色彩质感、工艺美学等脱离了当地的传统；街巷更新中的路面拓宽、水系裁截等导致的格局改变；街巷中牌匾装饰、招牌布置的无序，以及街巷采用水泥沥青等新材料铺装等，都会直接对风貌产生不利影响，甚至植被种类的错误更新（种植非本土植物）等都能造成风貌的破坏。从当前乡村建设实践看，村落整治更新是最容易出现问题的过程。在此过程中，由于村民（包括实施者及规划人员）对传统村落的价值认知不足、建筑利用方法有误，不少村落出现了新整治的环境与原有景观环境不协调的问题。村民的老建筑改造或新建住房向城镇住房风格发展，追求新材料、大体量、多层数、盲目攀比。新建筑基本放弃了传统技艺或乡土材料，突兀地表现自我，新房与老宅子的风格格格不入，院落格局尺度也明显改变，村落风貌的统一性和真实性被破坏。

风貌问题的产生还在于其"蚕食性"过程的特殊性。风貌的破坏与文物或历史建筑等的破坏有明显不同，文物或历史建筑是传统村落保护的核心对象，在普通百姓中尚存初浅的保护概念，在一些传统村落保护工作开展较早和较好的省区地域，甚至已经形成自觉的保护意愿和自发的对破坏行为的监督。特别是对于文物建筑，无论城市还是乡村都有基本的"护保"意识。而且，文物或历史建筑无论是拆除还是改造，造成的破坏可以马上显现，很容易引起关注，对破坏的纠正也有《文物法》和《历史文化名城名镇名村保护条例》等法规可依。因此，破坏的后果常常可以很快控制，不会产生大面积影响。而风貌的破坏不同，它是各种影响要素逐步变化积累产生的，一般不会“突发”。例如，在村落建筑立面更新中，有一栋建筑翻新或整治不符合传统文化特征时，往往不会引起重视，这时只是传统风貌在发生变化。但是，随着建筑立面更新整治不正确的门窗、屋檐、装饰等修缮风格或错误的材料逐步增多，各种影响产生的后果从局部蔓延开时，对传统风貌的影响就会逐步显现。传统风貌在“蚕食”过程中大面积改变，出现整体性破坏。这种情况下风貌损失已严重，恢复难度大大增加，对传统村落历史价值、文化价值和景观环境价值都会产生严重损害。

谈到传统村落风貌问题时，另一个值得关注的现象是村落传统肌理的破坏，肌理破坏与风貌破坏紧密相关。肌理原指物体表面的组织纹理或形式，它作为材料的表现形式而被人们感受，并创造出丰富的外在“模样”。村落传统肌理是乡村自然系统与人的活动长期作用形成的空间特质，是乡村、自然与人共同组织的整体。它将乡村的社会生活凝固于生存空间中，经过长久的时间和物质叠加，最终与风貌一样通过用地布局、建筑类型、立面风格、建筑高度、空间尺度等一系列要素具体表现出来。由于，肌理概念比较抽象，同风貌概念一样没有严格的评判程序或指标，也是传统文化保护中常常发生却难以控制的重要问题。加之，很多村落管理中保护意识淡薄，风貌肌理概念模糊，难以建立日常管理机制，导致传统村落风貌和传统肌理破坏。综上凡此种种，形成了风貌保护的多重困境。因此，传统村落风貌保护要引起高度重视，急需全面加强技术引导和管理控制。

2.9 保护管理存在的主要问题

2.9.1 对传统村落利用认识有局限

目前相关的法律法规、标准规范中均对村落历史文化保护的要求较为具体详细，但对村落中各类历史文化资源的利用一般仅有原则性的要求，没有具体的引导措施，例如传统民居建筑如何提升性能、如何建立传统村落基础设施适应性体系或标准、传统的公共空间、街巷、自然环境如何应用到村落景观设计中，非物质文化遗产如何在新时代传承发展等。

目前，发展乡村产业，激活村落职能是核心出路，乡村旅游暨此发展如火如荼。现有的很多研究和规划都将旅游作为传统村落重要产业植入，对其他类型的产业研究较少。但在传统村落发展旅游时，有的缺乏科学的市场潜力分析和客源分析，导致旅游发展达不到预想的效果；有的缺乏对村落旅游承载力的分析，导致过度开发，破坏自然环境和生活延续性。因此，如何合理开展乡村旅游、如何发挥资金作用，避免“发展性”破坏，是乡村旅游发展中应加强和合理引导的内容。同时，对于村落的合理利用方式和利用对象等也需拓宽认识，创新途径，明确方法。此外，传统村落中的物质和非物质遗产不应仅仅作为旅游展示和旅游产品来开发，它们首先应该是村民日常生产、生活的载体，应当通过展示和利用把非物质文化遗产与当今生产生活功能和需求结合起来，通过传统与现代生活在习俗、风尚、精神等方面的沟通，使非物质文化遗产得到传承、延续、发展，使非物质文化遗产获得新的活力和长久生命力。

2.9.2 忽视传统村落的社会发展

农村是中国社会组织形态的起源地和重要组成空间，从系统学上看是一个完美体，它覆盖了社会、经济、文化、科技等各方面的生活。因此，传统村落价值除了历史价值、文化艺术价值、科学技术价值、情感价值、景观环境价值[1]，还特别注意到它更具有社会经济价值。

而经济水平落后、城乡环境差距过大、基础设施短板等，加剧了村落的空心、失能、失活等社会问题，实际上是社会经济价值衰减的直接体现，给传统村落保护和发展带来严重阻碍，不仅使传统文化的物质遗存受损，文化特征逐渐弱化，也从根本上导致传统文化价值丢失。因此，基于基础设施和生存环境改善，以及村落功能的不断吐故纳新和适应性发展，是保持村落自身生命力的支撑。换句话说，村落社会经济的职能在当今社会和未来发展中需要不断加强。而现实实践中，在保护任务艰巨的困难面前，传统村落的发展没有得到足够的重视。从村落保护与发展协调关系看，忽视发展的保护不但难以实现保护目标，还会使村落丧失宝贵的自我生存能力和活力。赣中地区传统村落保护和社会经济发展必须两条腿走路，缺一不可。

2.9.3 保护对策针对性不强

可以说，江西省一直在积极探索传统村落的保护对策、利用方法、发展策略等。2016年江西省出台了《江西省传统村落保护条例》，作为全国第一个颁布的省级传统村落保护法规，为传统村落的保护发展提供了积极引导和科学规范。但是针对分布于4.72万平方千米内的百余座传统村落，更加具有地方适宜性的规划示范和针对性的保护发展对策具有非常现实的实践需求。农村情况复杂，传统村落的保护与发展不仅仅是规划技术，而是涉及了社会、经济、人口、管理、建设等多方面的综合任务。目前的研究中对于传统村落的发

[1] 关于传统村落价值体系的内容来自“十二五”科技支撑课题《传统村落适应性保护及利用关键技术与示范》，编号：2014BAL06B01，任务一，传统村落的价值综合评估关键技术研究的结果。在此研究中，通过价值体系组成的理论研究、基于价值维度的分解方法、理论与实践双向相关聚类的路径等，最终提出我国传统村落“2个位度–4个层序–6个范畴”的“6V”的价值体系结构。“6V”包括历史价值、文化艺术价值、情感价值、景观环境价值、社会经济价值和科学技术价值。其中，特别强调了社会经济价值在我国传统村落保护与发展中的意义和作用。

展多关注于如何发展产业带来经济效益，但对原住民的关注尚流于表面，针对人口空心化、老龄化、脆弱的环境方面的针对性对策明显不足。

2.9.4 规划编制技术性偏差

传统村落刚刚进入我国文化遗产保护体系，在现有的保护规划方法和技术标准中主要参照历史文化名村保护规划的要求；利用和发展规划一般参照村庄总体规划和建设规划的要求。对于传统村落的保护及利用规划“如何做”没有系统全面的规划技术流程，规划编制很大程度上取决于地方政府的主管认识和规划编制单位的经验和能力，规划的成果在保护、产业、旅游、管理控制等内容各有侧重，也有偏颇。现有的研究或规划编制成果中，对规划编制内容与要求较多，对具体操作方法和实施过程不够。如传统村落的保护对象合理筛选与村民意愿的协调、利用机制的多元化统筹、规划的地域适宜性，以及管理的区域性差异等。

第3章 湖洲村传统村落特征分析

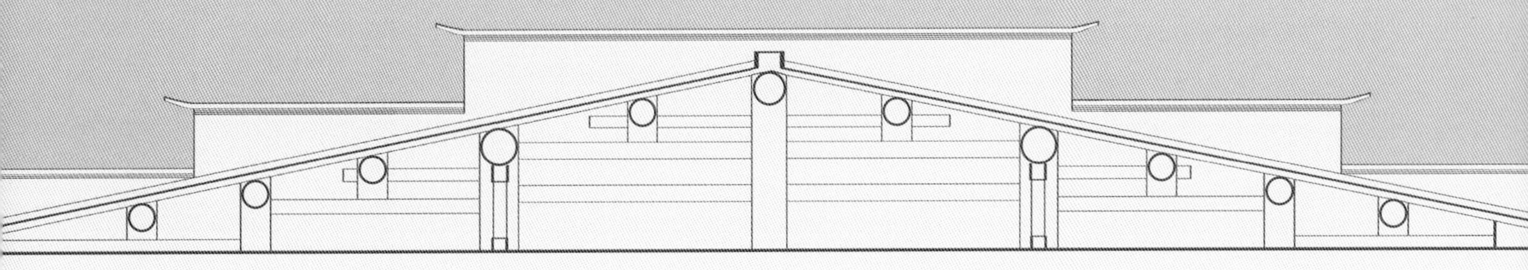

3.1 湖洲村传统村落现状调查分析[1]

3.1.1 村庄建设现状

3.1.1.1 区位与自然山水条件

湖洲村地处江西省吉安市的北部（图3-1-1），隶属于吉安市峡江县水边镇，位于峡江县城所在地水边镇以东，北部紧邻新干县，西邻馆头村，东、南与马埠镇交界（图3-1-2）。湖洲村交通条件较好，有285乡道与县城相连，与县城空间距离仅为4公里。

湖洲村处于山体环绕的河谷形成的盆地当中，沂江从村前自东向西蜿蜒流过汇入赣江，自然生态环境突出。村内分布有大量的樟树，有的为几百年的古树名木，十分茂盛。古村依水而建，傍山而居，山水格局特色鲜明，是赣中地区一处典型的古村落。古村所处地区气候温暖湿润，夏长冬短，四季分明，雨量充沛，无霜期长，属亚热带季风湿润气候，适宜各类生物繁衍生长。

3.1.1.2 村庄人口与建设

湖洲村村域面积29.6平方公里，包含湖洲、郑田、安田、太下、车上、西元和大西头7个自然村，总计20个村小组。2012年底村域人口3537人，其中，湖洲自然村人口2560人，湖洲古村（传统村落）位于湖洲自然村的范围之内，处于三条水系环绕之中，西邻新屋下、郑田，南与太下、安田隔水相望，东侧北侧主要为耕地和山体，占地面积约21公顷，古村人口1884人[2]，村中习姓占绝大多数。

现湖洲村建设主要以湖洲古村为核心向外拓展，建设较为紧凑密集，古村现状建设用地为15.11公顷，主要以村民住宅用地为主，其中穿插耕地农田和水塘，绿化主要沿水沿江分布。古村范围内现状拆旧建新的趋势逐步增多，新建筑穿插分布于古村之中，多以三层以上的砖混结构建筑为主。村内较多老宅现状空置缺乏维护，部分已经成为危房。

湖洲村以农业生产为主，没有工业企业，特色农产品包括烤烟、茶叶、杨梅、土药材等。2012年湖洲村的农民年均纯收入为6500元，处于江西省中上游水平。2017年该指标约为8000元左右[3]。

[1] 2013年，住房城乡建设部开展了全国村庄规划试点工作，峡江县湖洲村是江西省列入试点工作的唯一村庄，也是传统文化保护类唯一代表型村庄。中国城市规划设计研究院承担了《江西省峡江县湖洲历史文化名村保护规划》。之后，2014年湖洲村列入第二批中国传统村落名录，同年又成功申报第六批中国历史文化名村。2014年中国城市规划设计研究院承担了“十二五”国家科技支撑课题《传统村落适应性保护及利用关键技术研究与示范》（课题编号：2014BAL06B01），为了将科研课题与规划编制实践结合，课题组选择该村作为课题中“典型传统村落适应性保护及利用规划关键技术集成示范”基地。一方面，通过理论研究对我国历史文化名村和传统村落的保护规划编制工作进行新的探索，提高规划实践工作的理论性、适应性和系统性。另一方面，通过保护规划编制实践对课题研究相关结论进行应用和验证，主要集中在我国传统村落价值体系构建方法应用、分类技术指标校验，以及不同类型传统村落的保护方法、发展利用政策和管理制度的完善等。同时，通过湖洲村保护规划编制大大促进了我们对湖洲村为代表的赣中地区传统村落特征的认知，使传统村落保护体系和理论方法获得理论提升。可以说，这种理论与实践结合的方式无论对理论支撑，还是实践提升都起到非常重要的作用，并取得了重要成效。

[2] 此处为2012年的准确调研数据。2017年在对湖洲村的回访中，由村委会了解到，2012～2017年，古村中的人口基本稳定，没有大的变化，故此处未对人口进行更新。

[3] 2017年在对湖洲村的回访中，由村委会了解到，2012～2017年，湖洲村村民整体生活条件逐步得到改善，贫困户逐年减少，有劳动能力的扶贫对象全面脱贫，无劳动能力的扶贫对象全面保障，村集体及村民收入逐年增加。其中，村民的农民年均纯收入约为8000元/人。

3.1.1.3 历史沿革

湖洲古村始建于宋庆历五年乙酉（1045年），距今已有近千年的历史。由湖洲刁氏先祖（一世祖）刁远（字有毅）踏勘选址并开基建村，村庄选址于古石阳县（始建于东汉）旧址。峡江地名志记载，村址原是一片荒滩沙洲，沂江涨水时茫茫一片，因名湖洲。

北宋元年乙丑（1085年），湖洲刁氏第三代裔刁仁德在湖洲建宗祠“承恩堂”，堂前建“榜堂”、“花门楼”，在南水口狮子山建“获龙庵”，并主持初修《湖洲花门楼刁氏族谱》。

明成化十七年（1481年），刁贤始建刁氏大祠堂，成化十九年（1483年），重修“承恩堂”，改堂名为“继美堂”。

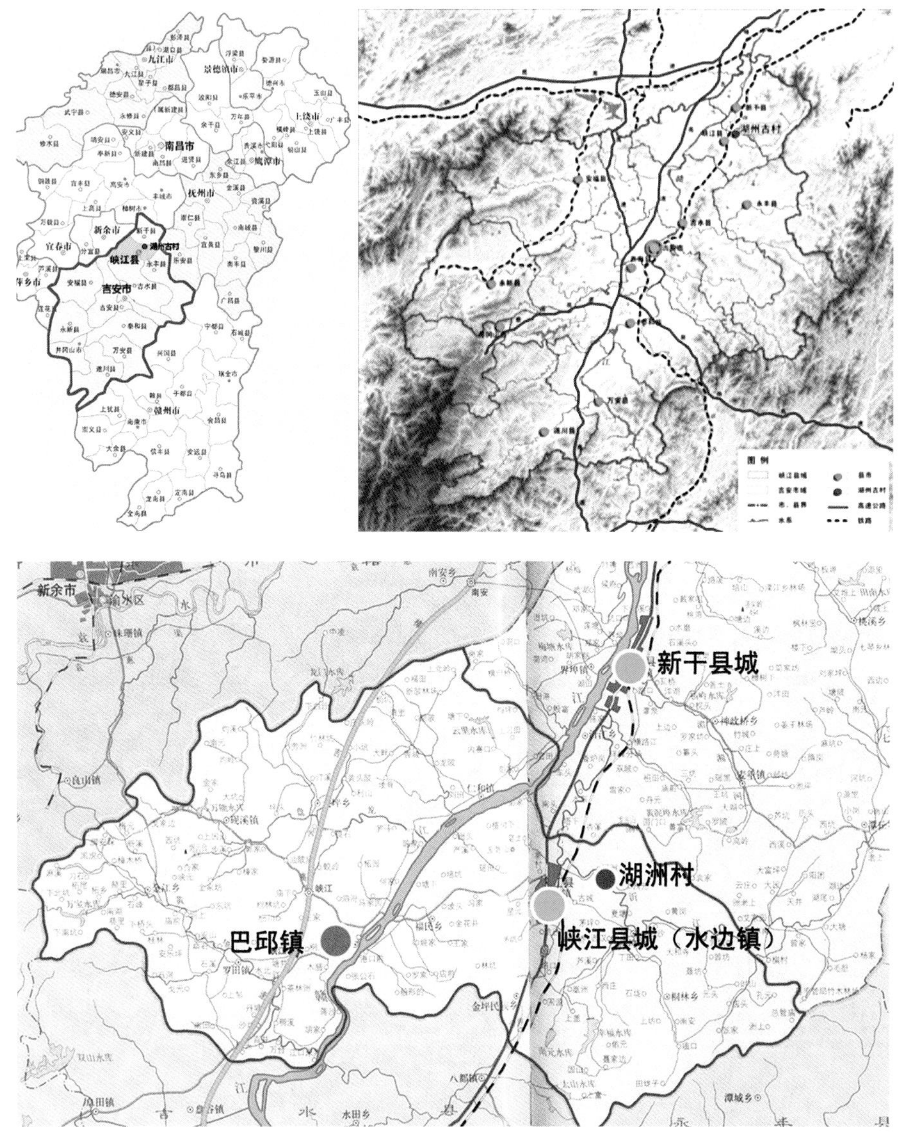

1
2

图3-1-1 湖洲村在江西省、吉安市的位置
（图片来源：作者自绘）

图3-1-2 湖洲村在峡江县的位置
（图片来源：作者自绘）

元末明初，中原地区连年战乱、人口锐减、大面积土地荒芜，明朝政府为发展中原地区，征发大批江西人到中原地区根植。湖洲刁氏分化一支，迁往河南邓州堰子里（今十林镇刁营村）开荒种地，并在那里繁衍生息近600年。

清光绪二年（1876年），邓州所在的南阳地区大旱，患匪四起。刁永生（刁思敬11世孙）带家人外出逃难，辗转到达陕西省富平县漂泊并最终定居。

湖洲村自宋代建村以来长期属于临江郡（后期改为路、府）新淦县统辖，直至明代置峡江县。明嘉靖五年（1526年），析新淦扬名、断金、玉笥、善政、太平、安国6乡共24都置峡江县，至此湖洲始属峡江县。民国2年（1913年），湖洲属峡江，峡江、新淦均属庐陵道。新中国成立后湖洲属吉安市峡江县。

3.1.2　遗产概况及保存现状

湖洲古村历史悠久，文化底蕴深厚，至今保存着众多的历史文化遗存，主要包括文物保护单位、历史建筑（建议）、具有传统风貌的民居建筑、历史街巷、历史水系、古桥、古井、古树名木等。2012年，被公布为江西省历史文化名村。自宋代以来湖洲村就是刁氏宗族的聚居地，现全村有刁姓630多户，占全村人口95%。

现有文保单位包括刁氏大宗祠、花门楼、天府庙等公共建筑（待批复）和4处传统民居建筑，整体保存完好。历史建筑包括一批体现本地特色的传统民居和20世纪中叶建设的体现新中国成立初期风貌特色的公共建筑。多以木结构为主，个别建筑保存不佳，结构受损严重，缺乏维修。

3.1.3　现状主要问题

湖洲村目前面临的主要问题。一方面是普遍存在于我国农村地区的问题，即村民基本从事农业、整体收入水平较低、基础设施简陋、卫生条件较差、村内环境品质不高。另一方面，丰富的文化遗产资源没有得到较好的保护与利用，文化遗产和民居年久失修，随着村民对现代生活的追求，新建民宅不断对古村传统格局和风貌环境产生影响和破坏。

3.1.3.1　古村内部分建筑年久失修，遗产受到损毁

湖洲古村内几处重要历史建筑如刁振翎故居、华英书院、科甲世第宅等年久失修，建筑本体结构老化，受到了不同程度的损毁，历史遗存的价值严重流失。部分传统民居建筑由于各种原因，缺乏基本维修和养护，日渐衰败（图3-1-3）。村庄内建筑遗产亟待加强保护修缮。

3
4

图3-1-3 部分历史建筑受损严重、部分传统民居受损倒塌
（图片来源：作者2014年摄）

图3-1-4 古村范围近年自建3～4层民宅建筑分布（图中紫色块）
（图片来源：作者自绘）

3.1.3.2 新建村民住宅对古村格局风貌的侵蚀

随着湖洲村社会经济发展，村民自身居住改善需求增强，近几年在古村范围内新增了大量村民自建住宅。由于宅基地不足，只能原地重建，并且村民的自建缺乏引导，致使自建住宅穿插于古村之中。自建住宅多为砖混结构，高度普遍在3～4层（图3-1-4），体量较大，在建筑体量、材质和色彩上与古村整体风貌不协调。由于缺乏相应的管理措施和保护要求，此类情况难以控制，并有逐步增多趋势，侵蚀着古村历史格局风貌，对古村未来的保护带来威胁（图3-1-5）。

图3-1-5　**古村内新建民宅与历史环境格格不入**
（图片来源：作者摄）

3.1.3.3　基础设施等硬件条件滞后，导致古村衰败

道路、给排水、电力、环卫等基础设施建设不足，古村内硬件环境难以满足现代化生活的需求，村民生活品质降低，从而导致古村发展硬件支撑不足，逐步衰败。例如，部分主要道路仍为土路，雨后泥泞不堪（图3-1-6左），难以通行。村内主要车行道路虽基本完成硬化，但整体缺乏维护，仍有部分是土路；水塘和明沟排水系统不畅，常年堵塞，污染严重；村内缺乏集中的垃圾收集点，生活垃圾无序乱丢（图3-1-6右），对古村卫生环境破坏严重。长远来看，村庄硬件设施的衰落将导致古村发展衰败，人口流失，现状古村“空心化”现象已很突出，部分传统民居已经长期空置，导致建筑缺乏看守与日常维护，建筑损坏、失火，甚至倒塌，不利于古村的保护与可持续发展。

❶ 雨后泥泞道路

❷ 生活垃圾无序堆放

图3-1-6　**道路条件和环境卫生亟待改善**
（图片来源：作者摄）

3.2 我国传统村落价值体系认知

3.2.1 我国传统村落价值体系

价值是传统村落保护的核心内涵，也是传统村落保护发展的重要任务和目标。由于传统村落保护管理制度建立的时间不长，我国关于传统村落价值体系的认识非常缺乏系统性、科学性。尽管在我国历史文化名村保护制度中已经不断开展关于村落价值的研究，学术界也有大量成果呈现。但是，由于传统村落本身是一个社会有机体，涉及农村农业生活生产的几乎所有内容，因此，传统村落价值内涵必然是极其丰富且多元复杂的，目前也尚未形成完全统一的认识。在“十二五”科技支撑课题《传统村落适应性保护及利用关键技术研究与示范》中（以下简称课题），首要任务是进行我国传统村落价值体系构建的研究。研究重点包括价值内涵、价值形成、价值理论以及价值表现等，并提出我国传统村落价值体系构建方法和结果。由于湖洲村是课题“典型传统村落适应性保护及利用规划关键技术集成示范”的开展基地，是理论研究的指导对象，也是实践检验理论的手段，湖洲村价值特色研究直接对价值体系构建进行应用，因此，在此节中对我国传统村落价值体系构建研究结论从实践应用角度做一个简要介绍。

传统村落价值包括个体价值和区域价值。个体价值指村落形成发展过程中形成的价值；区域价值指一定区域或空间范围内，多个村落由于相互关联而产呈现的价值。此节主要介绍村落的个体价值。

在个体价值的研究中主要包括价值定义溯源、国际国内历史文化村落价值认识发展，以及我国传统村落价值理论和实践中认识不足与问题等。在研究方法上主要从价值产生路径、数据统计分析、评估方法效用等方面进行了研究。

其中最重要的是通过方法论建立了一个系统完整、逻辑清晰的价值体系。我们知道，传统村落自身包含的特征属性和要素是庞杂且相互关联的，因此个体价值系统是多元结构的。上述方法和内容，从理论研究视角出发，对传统村落价值的认识基于对价值定义的剖析和认知，继而系统、全面、科学地分析传统村落各方面价值表现。从规划和管理视角出发，基于丰富的实践积累，在实际工作中发现和摸索传统村落最基础的属性单元和价值要素，分析其特性和价值表现，再通过归纳和总结，将价值要素对应到价值属性，从而建立价值体系，最终反馈到实践中去，接受检验。

具体来说，本次课题结合“理论→实践”、“实践→理论”两个研究路径（图3-2-1），在理论基础分析框架下，分解出传统村落价值基础单元，通过分析各价值要素之间的相关性

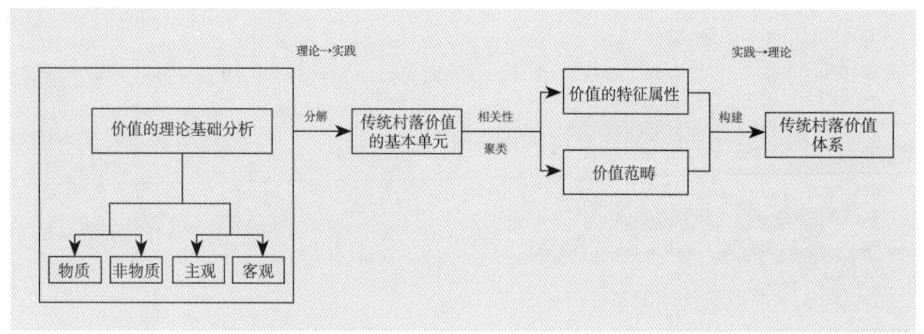

图3-2-1 **传统村落价值系统构建路径示意图**
（图片来源：作者自绘）

（Correlation），形成要素的簇结构，从而聚类出价值的特征属性，最终构建传统村落的价值体系，为价值判断与认识构建了一个统一平台。

3.2.2 传统村落价值体系组成

根据价值的关系范畴分类理论和均衡价值理论，从价值的物质层面、非物质层面和主观形式以及客观形式对传统村落个体价值的价值要素进行综合分析。即通过判断传统村落价值要素是否具有物质性以及是否客观存在来分析归类。在此基础上，将存在的相关关系进行连接。相关关系可以是直接因果关系（正相关）、同属关系、间接关联、时间连带关系、复合相关等，目的是从无序的要素分布中找出要素之间隐含的关系结构，从而梳理出价值的特征属性（图3-2-2）。

例如，村落的历史沿革（这里泛指重要事件及时间节点）、现存最早建筑的修建年代、村落主体建筑的建成年代、村落现有选址形成年代等要素之间构成时间的连带关系，作为历史遗存要素直接反映出村落历史久远度的特征属性。久远度衡量的是村落历史的积淀，是遗存深远绵长的根脉，同属于传统村落历史价值的范畴。

通过以上对价值要素的相关性分析，构建起我国传统村落价值结构体系，为价值域（维度）–价值范畴–特征属性–表现要素（集）的、具有层级序列和逻辑映射关系的价值综合系统（表3-2-1）。其中价值范畴包括6大方面，分别为：历史价值、文化艺术价值、情感价值、景观环境价值、社会经济价值、科学技术价值。价值范畴是指导规划实践最直接的理论依据，每个价值范畴的含义如下。

历史价值。“历史”[1]是“自然界和人类社会的发展过程，也指某种事物的发展过程和个人的经历”，历史价值是这些事物发展过程所具有的特殊意义。

文化艺术价值。文化是智慧群族的一切社会现象与群族内在精神的既有、传承、创造、发展的总和[2]，艺术是用来形象反映现实但比现实更具有典型性的社会意识形态，包含多种形式，具有审美特性。文化和艺术两者相互渗透，息息相关。传统村落作为中国农耕文明时至今日最重要的物质载体之一，形成

[1] 出自新华字典解释。

[2] 百度百科对文化的哲学定义。

了宝贵的以物质或非物质形态呈现的文化艺术价值。

情感价值。情感所描述的是生活现象与人心相互作用下产生的感受，它在《心理学大辞典》中的解释为“人对客观事物是否满足自己的需要而产生的态度体验”。我国传统村落所蕴含的独特的乡土文化作为中国传统文化的重要组成部分，给予我们情感的生成，诠释着乡情、宗亲、民族情感、中华民族精神，是维系华夏子孙的精神纽带。人们所谓落叶归根、乡规民约、风土习俗都是情感价值的重要组成部分。

景观环境价值。景观环境一般指由各类自然景观资源和人文景观资源所组成的、具有观赏价值、人文价值和生态价值的空间关系。景观环境价值，不仅关注村落内部小环境所营造的人文景观，还包含村落所处大环境的自然生态景观，并将村落的乡土建筑、传统格局与山、水、土壤、地质地貌、生物多样性、气候等因素的相互关系作为考量对象。

社会经济价值。社会经济本身涵盖的是经济活动和所处社会环境的复杂关系，或社会资源的输入过程，或政策与整体社会生活相互联结时所产生的影响，而不是社会和经济两个层面的相互拼合。村落作为我国社会组织层级和经济结构最小的单元，要维持村民的基本生活，通过产业结构的提升保持村落可持续的发展动力，这是关系到传统村落能获得切实有效保护和利用的重要前提，也是村落社会价值所在。

科学技术价值。科学技术价值包含科学和技术两个层面，科学的本质是发现确凿的但未知的事实并建立理论，而技术[1]是把科学知识运用到实践中制造一件产品或提供一项服务。从保护、传承和发展的目的，我们主要关注传统村落中能够直接反映古人科学知识和技术创造产生的价值。

价值范畴的解析让我们更好地理解了价值范畴的内涵，并为价值范畴与价值特征属性和表现要素建立起理论到实践的桥梁。例如历史价值包含久远度、真实性、完整性、稀有性和丰富度5项特征属性；景观环境价值包含乡村景观风貌、自然生态系统、自然灾害抵御能力和与生态协调性4项特征属性。再下移一个层序解析，则看到每个价值特征属性的表现。例如乡村景观风貌这个价值特征属性，可以通过乡土建筑特征、村落选址格局、街巷肌理或空间形态，田园风光和农业景观、名胜古迹等要素得到表现。我们在下一节湖洲村价值特色研究中直接应用了上述研究成果。

经过这样的解析形成的价值体系可以保障实践中对传统村落价值挖掘和分析的系统性、严谨性、全面性，能够更好地指导实践应用。

另一方面我们注意到，很多村落的价值要素不是单一属性的，如村落中祠堂作为宗族权势的载体，大多占据村落的中心位置，与传统民居建筑形成空间的逻辑关系，而从社会层面则体现出村落布局的宗族伦理关系和等级制度，同时也反映出村落居民的宗族文化内涵，属于精神层面的情感认同。因此，祠堂所反映出的等级制度可以归属为社会价值，而宗族伦理又反映了村民的情感价值。

[1] 世界知识产权组织在1977年出版的《供发展中国家使用的许可证贸易手册》中，给技术下的定义：“技术是制造一种产品的系统知识，所采用的一种工艺或提供的一项服务，不论这种知识是否反映在一项发明、一项外形设计、一项实用新型或者一种植物新品种，或者反映在技术情报或技能中，或者反映在专家为设计、安装、开办或维修一个工厂或为管理一个工商业企业或其活动而提供的服务或协助等方面。”

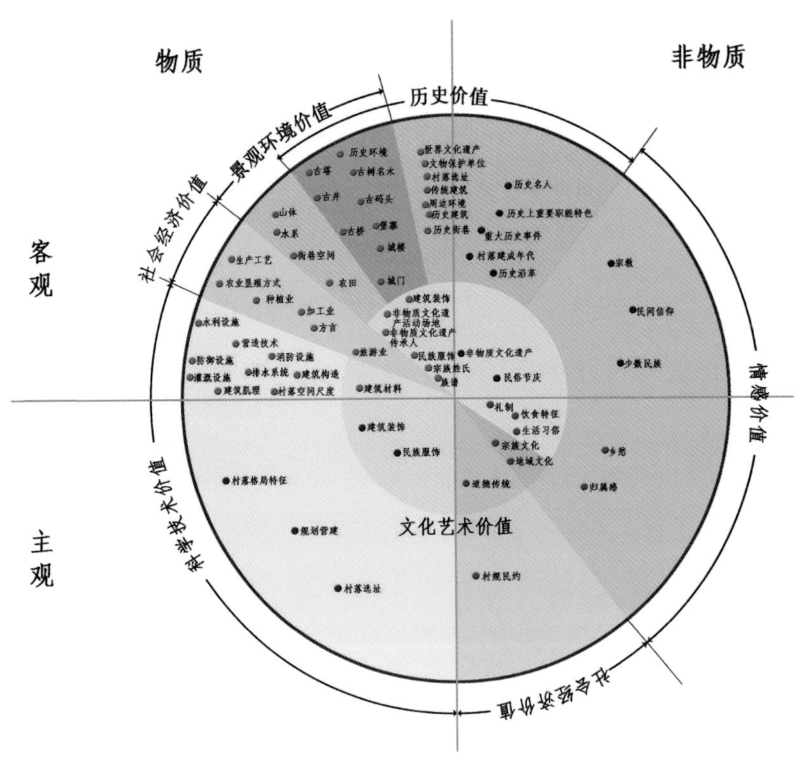

图3-2-2 **传统村落（个体）综合价值生成维度关系图**

（图片来源：作者自绘）

传统村落综合价值体系构建表 **表3-2-1**

第一层序	第二层序	第三层序	第四层序
价值域（维度）	价值范畴	特征属性	表现要素（集）
物质+非物质+客观+主观	历史价值	久远度	最早建筑建造时间、村落建成时间
		真实性	保护范围规模、核心保护范围规模、传统风貌环境（历史环境要素类型、数量）
		完整性	选址格局及空间形态（历史街巷数量、长度）
		稀有性	物质文化遗产等级数量、非物质文化等级数量、物质文化及非物质文化遗存的分布范围、影响圈层或区域
		丰富度	物质遗存类型规模数量（文保单位数量等级、历史建筑数量）、保护性建筑面积、非物质类型数量、重大历史事件
	文化艺术价值	建筑美学	建筑设计、建筑营造工艺、建筑装饰、建筑及院落形制、建筑材料、对景观的塑造影响
		传统工艺技艺及传承	传统生活技艺、传统生产工艺、工程营造工艺技艺、传承人、传承场所
		非物质文化遗产	非物质文化遗产级别及项目类型（戏曲、歌舞、文字、文学、武术杂技等）、民俗节庆（服饰）

续表

第一层序	第二层序	第三层序	第四层序
物质+非物质+客观+主观	景观环境价值	乡村景观风貌	乡土建筑特征、村落选址格局、街巷肌里或空间形态、田园风光和农业景观（农田规模、完整性、种植业景观特色）、名胜古迹（包括世界遗产的物质及非物质文化遗产）
		自然生态系统功能	污染影响（或产业类型）、土壤复耕水平、空气清洁度、自然水体清洁度及净化能力、植被覆盖度
		自然灾害抵御能力	防水、防洪、防潮、防风、地质灾害抵御（泥石流等）、卫生安全
		与生态协调性	耕地保有变化、水系规模及环境质量维护（减少或污染）、自然山水环境资源情况（风景区、自然保护区、林业资源是否减少或被破坏）、清洁（再生、绿色）能源利用、其他自然资源消耗（某些种植养殖业的水耗、土壤影响等）
	科学技术价值	村落选址格局	村落空间形态（尺度）、格局特征（格局对自然环境利用、环境改造理念或技术，如水利或灌溉设施、排水防洪涝技术、消防）、规划和营建（选址与环境关系）
		环境协调和资源科学利用	水土利用、农业灌溉、建筑适宜性（物理功能舒适性）、环境适应或安全（如防洪抗风等抗灾能力）、自然环境或资源利用水平
		乡土建筑特征	建筑营造技术、建筑材料、建筑设计理念或功能（通风、采光、防寒、防潮、防害、防灾）
		考古作用	对历史学、考古学、人类学影响或贡献
		工艺技艺典型性或代表性	传统生产生活工艺技艺的使用范围或规模、普及程度、科技作用影响的领域及程度，技术进步影响地域范围
	社会经济价值	生活延续性	原住民状态（数量、原住民比例）、风俗习惯、民俗节日、非物质文化遗产传承状态（传承人有无及数量、场地、经费、活动规模次数等、与村庄依存度、存续时间）、常住人口、老龄化、空心化
		经济收入水平	经济收入（人均收入、集体收入）、经济活跃度（外来人口规模）、经济规模（商贸类型和规模、物流规模、商业类型和规模）、文化活动服务（展示、展览）
		管理制度（侧重保护、发展管理措施）	保护规划（村庄规划有无、各级政府意见、专家参与等）、保护利用状况（照常、闲置、展示、旅游、其他使用等）、保护机制（人财物、机构）、管理机制（有社区、村委会、运行制度、乡村许可）、村民参与（有无意见建议要求等）、政府绩效机制、村规民约制度
		村落产业	农林牧渔业经济类型、规模（种植业、林业、渔业、养殖业、加工业等）、传统手工业（加工业类型和规模、传统文化产品、手工业产品）、乡村旅游（农业观光、度假休闲）
		职能与影响	村落职能或作用
		社会经济适应性--基础设施水平或完善度	供水设施、排水（污水）设施（类型、方式、规模等）、公共照明、公共卫生（厕所）、环卫设备、垃圾收集处理（方式）、硬化路面道路（通达）、生活能源、通信网络（宽带）及有线电视设施设备
		社会经济适应性--公共配套设施水平或完善度	卫生配套（卫生所、室）、文化设施（图书室、文化活动场地、活动室或中心等）、体育活动场地、学校、其他福利设施
		发展资源及可持续性	区位、村庄规模、地形地貌、交通设施（公交站点）、自然环境资源、文化资源、人均劳动资源（耕地、林地、牧渔）、人口年龄结构、劳动力比例及规模、旅游资源、政策资源、现有经济规模、产业基础、文化展示条件

续表

第一层序	第二层序	第三层序	第四层序
物质 + 非物质 + 客观 + 主观	情感价值	内聚性及文化归属（或自我认同）	地域文化特征、血缘族缘、民族、宗族姓氏集聚特征、文脉沿革、生活记忆（符号）、风俗习惯、语言、饮食、文化交流（戏曲、歌舞、文字、文学、武术杂技等联系）
		宗教信仰	人神崇拜、风物崇拜、价值追求（崇教、崇商、崇义、崇利）、祭祀、习俗
		宗族规制	代表宗族特点的规制、谱制、功德礼仪等
	聚落价值	村庄聚集度	规模数量、聚集密度、人口规模及密度、建设规模及密度、经济规模及密度
		多样性	类型、规模、功能、文化、环境、生态、地域
		文化关联度	文化交流、地缘环境（水运、交通）、血缘族缘、风俗习惯、语言饮食、民族
		作用协调性	文化交流、经济交流、交通作用、功能特征

3.3 湖洲村价值特色

湖洲古村在聚落完整性、历史环境特色上是传统山水文化和堪舆典型模式的研究样本；在历史地位、职能特色和人文研究价值上是南方民系族群形成演化的重要例证；在古村空间格局、功能与社会经济价值上是传统可持续人居发展模式的重要体现；在村落的建筑价值、环境要素特色、人文内涵上是庐陵文化古村落的典型代表。湖洲村价值突出体现在历史、景观环境、社会经济价值等几方面。

3.3.1 价值特色一：山水格局完整，传统古村落选址营建的典范

湖洲古村落的山水格局和整体环境特色价值突出，体现了我国古代村落选址、择地而居的传统形制，是研究古村落环境学、生态学的重要样本。

3.3.1.1 山水格局完整，环境特色突出

湖洲古村的选址得天独厚，可谓是山环水绕，独居其中。古村位于由狮子山、长龙山、远山和蜈蚣山所环绕的盆地当中，其独特之处在于，盆地用地十分开阔，规模较大，约占地6平方公里，相对完整独立。盆地内基本为农田和水系，地势平缓，由于四面环山，刚好围合成一个近似圆形，湖洲位于圆心之处，独居中央，又由于周边自然村落规模过小，更加凸显湖洲古村的宏伟气势。湖洲村的开阔盆地选址，为其可持续发展提供了条件（图3-3-1）。

盆地内沂江蜿蜒自东向西穿过，在村前自然过渡，向南形成“眠弓”形态。由于群山环绕形成的圆形形态，加之沂江东西两水口，出入口位置相对狭窄，促使湖洲村所在的盆地整体呈封闭的态势，东西两处开口紧锁，进村或者出村都给人以豁然开朗的视觉冲击（图3-3-2）。

南部蜈蚣山形态柔和，刚好呈向北弯曲状，将湖洲古村环抱其中，宛如一弯明月，整体山水格局形态十分优美（图3-3-3）。

古村在空间布局以及与自然环境的相处上构思巧妙，经历很长时间的传承，包含着人类与自然和谐相处的历史智慧。

1

2

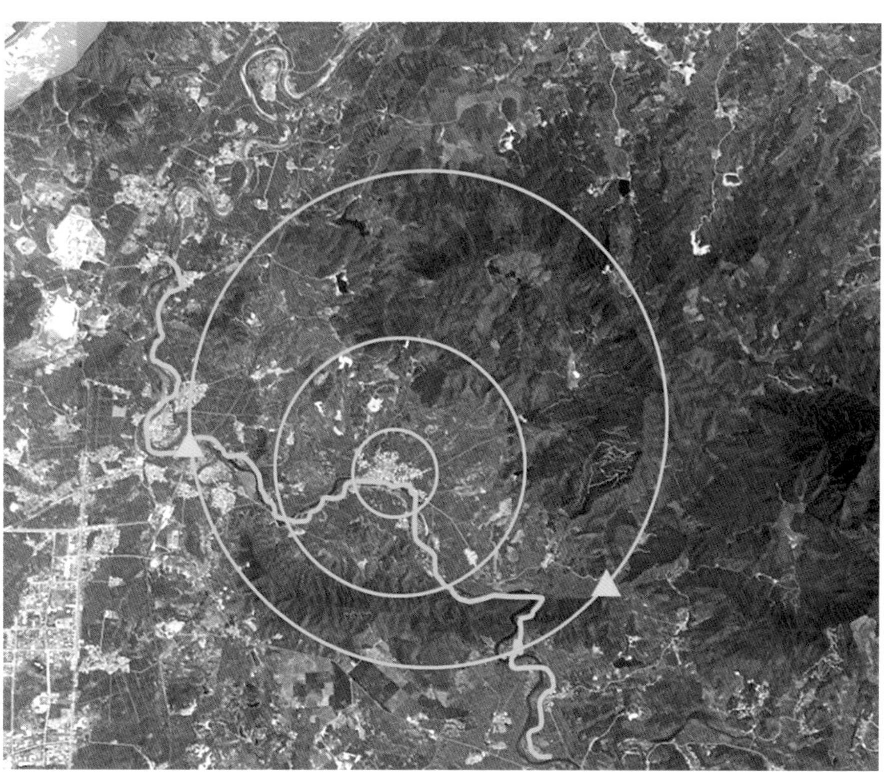

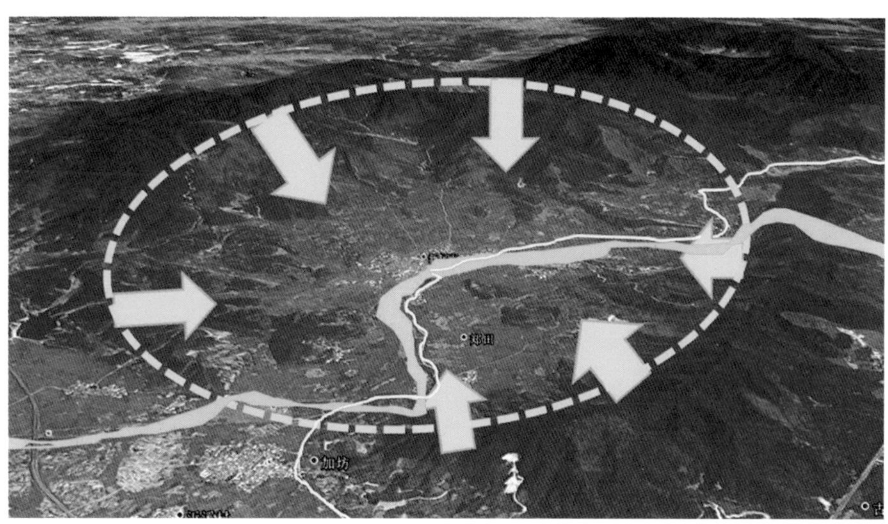

图3-3-1 湖洲古村山水环抱格局形态
（图片来源：作者自绘）

图3-3-2 湖洲古村宏观格局分析
（图片来源：作者自绘）

3.3.1.2 突显中国传统村落择地而居的内涵，体现天人合一理念，是传统村落选址典范

湖洲村的选址凸显古代择吉地而居的文化内涵，是古村理想山水格局的真实写照。湖洲布局符合“枕山、环水、面屏”的理想模式。

湖洲古村不仅在空间山水格局上有独特价值，同时“山-水-田-居”的景观风貌也凸显了赣中传统村落在宏观整体环境上的特色。这种传统的村落居住、农业生产、生态景观三者之间的关系十分和谐，村民就近耕种，利用现有水系引水灌溉，现在这种传统和谐的生产生活方式依然在延续，是传统格局环境的优势所在，是对生产生活延续的贡献。

3.3.2 价值特色二：中国历史上南方民系族群形成演化的重要例证

湖洲古村承载着厚重的历史文脉，湖洲开基建村的本源即可追溯至东晋荆州习氏因避永嘉之乱的南迁历史，其构成了江西地区、吉安地区作为中国历史上重要移民聚居地的一个重要支撑，是南方民系族群形成与演化的重要例证，是观察中国历史上政治社会嬗变的一个窗口。

图3-3-3　**湖洲古村远眺（西向东）**
（图片来源：作者摄）

3.3.2.1　吉安地区是南方民系形成演变的重要迁徙地

中国历史的发展演变本身也是一部族群迁徙史，在魏晋之前中国南方大部分为未开化之地，正统的文化核心与政治中心处于中原地带，历史上三次大的政治内乱诱发了人口的南迁，间接促进了我国南方的发展[1]，带动了南方民系的形成。

学术界存在普遍观点，即中国历史上三次北民大迁徙是：西晋末期“永嘉之乱”后大批汉人南迁、唐代“安史之乱”后北方大规模汉民南迁、北宋“靖康之变”后中原百姓大规模南迁。三次北民南迁，很大程度上刺激了南方地区的政治、经济和文化上的长足发展。今天的江西地区即为北民南迁的重要聚集地，其中，江西的吉安地区是中国历史上几个重要的南方民系族群迁徙地。大迁徙主要有东中西三线。迁入最多的是三大地区：江南地区、江西地区和淮南地区[2]。

江西的吉安地区是其中一个重要的迁徙聚集地（图3-3-4）。究其原因一是道路交通十分便捷，顺赣江而下可以穿越江西大部，吉安是赣江水道边的重要中转节点，便于移民登陆，并且地理区位上江西赣北连接周边几处大的城市，有利于人口的转移。二是整个江西、吉安地区处于政治经济大后方，相对安定，利于北方客民躲避灾难，繁衍发展。三是吉安地区是粮食产区，物资丰富，有利于持久的发展。

❶ 葛剑雄等. 简明中国移民史［M］. 福州：福建人民出版社.

❷ 陆鼎元. 中国传统民居与文化［M］. 北京：中国建筑工业出版社，1991.

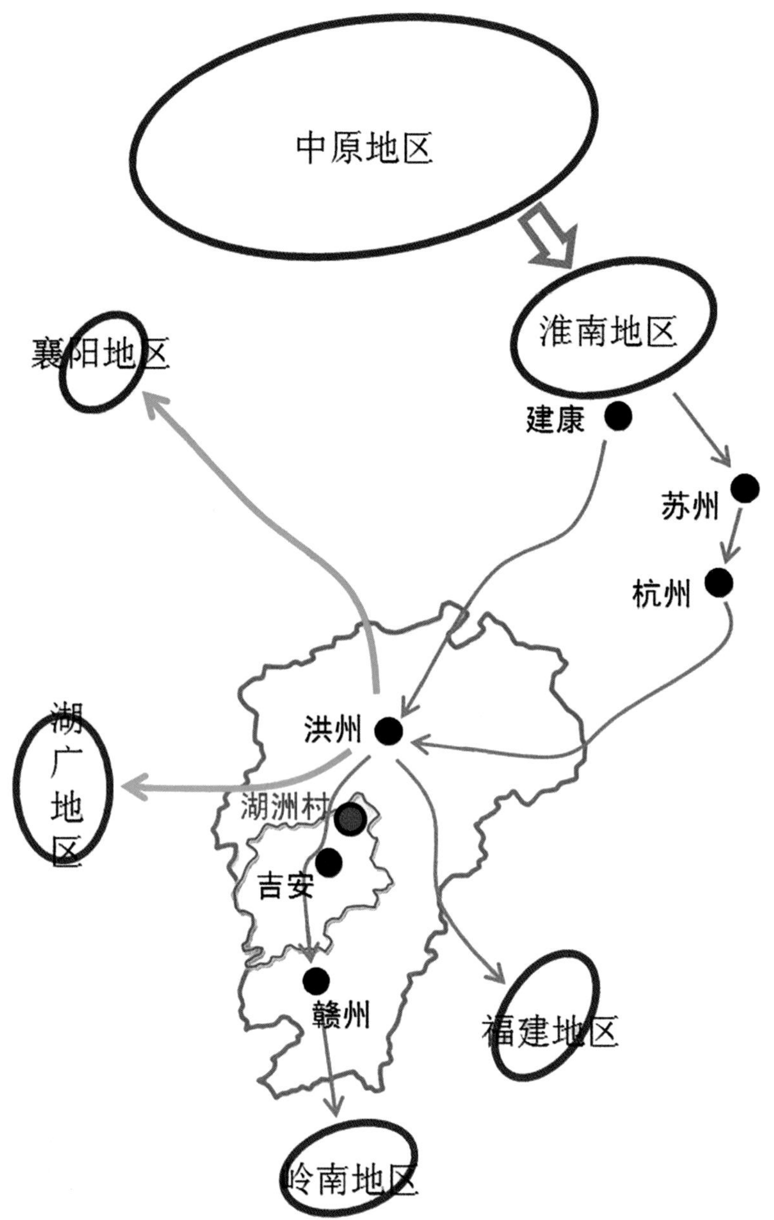

图3-3-4 江西（吉安）地区历史民系迁徙示意图
（图片来源：作者自绘）

所以在永嘉之乱、安史之乱、靖康之乱中原族系大量南迁之后，包括很多宗室、贵族、地主、士大夫、文人等举家迁往吉安地区，安家落户。今天吉安地区遗存的大批族群都是当时历史大迁徙的重要例证，如襄阳刁氏（湖洲）、南阳邓氏（安福、吉水县）、江陵梁氏（渼陂）、渤海欧阳氏（钓源）、西河堂毛氏（吉水县八都镇）。这些古村落是中国历史上几次大迁徙的重要见证物，是中原望族迁徙演变的重要例证。

3.3.2.2 湖洲是刁氏宗族的重要传承地与聚居地

东晋末期的襄阳望族刁凿齿一系，因北方战乱和政治因素，迁徙至新渝白梅定居（今江西省新余市），并在江西地区繁盛发展。习凿齿后代习有毅于北宋庆历五年（1045年）经过周密选址与勘测，迁居于新淦湖洲村，被尊为湖洲习氏始祖，习氏在湖洲开启了长达近千年的发展史，并且延续至今，是我国古代姓氏宗族延续发展的一个典型。

习氏迁居新淦湖洲村以后，以此为根据地向外扩散迁徙，相继有新淦湖洲习氏子嗣在南宋时期迁往周边地区定居，包括今新干县的塘头村、下洲村、上习村，今峡江县的马埠小安、习家坊，吉水县的习家村、江背村等地。元末明初，湖洲习氏分化一支，迁往河南邓州堰子里（今十林镇习营村），并在此地繁衍生息近600年。随后又由邓州一支迁往陕西富平。湖洲作为襄阳习氏（习凿齿）后裔的重要聚居地的历史价值突出，同时它也是促成习氏族群在江西地区繁荣壮大的重要根据地与向外迁徙的源流。

今天在湖洲古村中仍保存了众多与习氏宗族文脉发展延续相关的众多历史遗存，包括习氏大宗祠、花门楼、继美堂、习振翎故居、《湖洲花门楼习氏族谱》、《邓州习氏家谱》等，这些重要历史遗存和文献都是习氏在湖洲繁衍发展的例证。

更具有价值的是，湖洲古村习氏宗族仍然繁荣发展，血脉延续至今，现状村中人口以习姓占绝大多数，现全村有习姓630多户。

3.3.3 价值特色三：村落布局科学严谨，是传统可持续人居发展模式的体现

古村内部格局保存完整、科学，生活延续性良好，具有突出的社会与经济价值，在一定程度上体现了传统可持续人居发展模式。

湖洲古村内部格局肌理清晰，整体结构严谨，功能组织合理，反映了中国传统古村规划建设的一种形式与发展模式，体现了赣江支流商贸型村落的布局特征。

湖洲古村的历史街巷风貌保存良好，尺度空间十分舒适宜人（图3-3-5），并且不同于一般村落的自发形态，相对规整、严谨，更多体现了较大规模聚落建设的规制，蕴含着深层次的宗族与礼法内涵。如古村西侧花门楼继美堂区域，格局十分规整，巷道村路统一呈东西走向，互相平行，东西均可与村庄的大路相连，交通便捷。同时在主要街巷之间，都有南北向的次巷相通，次巷最窄的仅宽一米，只能容一人通过，网格化的街巷布局对整个村落的通风采光都起到至关重要的作用，同时利用窄街巷组织交通空间十分节约占地，有利于村庄大规模扩展发展。

这种规整、理性的肌理形态，一方面体现了中国传统礼制文化的内涵，尊崇规制，讲究严谨的布局模式。一般的中国传统村落多以自由集聚布局为主，主要原因是湖洲古村因商贸的带动发展规模很大，湖洲村紧邻沂江北岸，依托沂江联系赣江的水运功能而凸显了地利优势和交通节点特征，加之庐陵、临川地区自古商贸繁荣，在一定程度上促进了

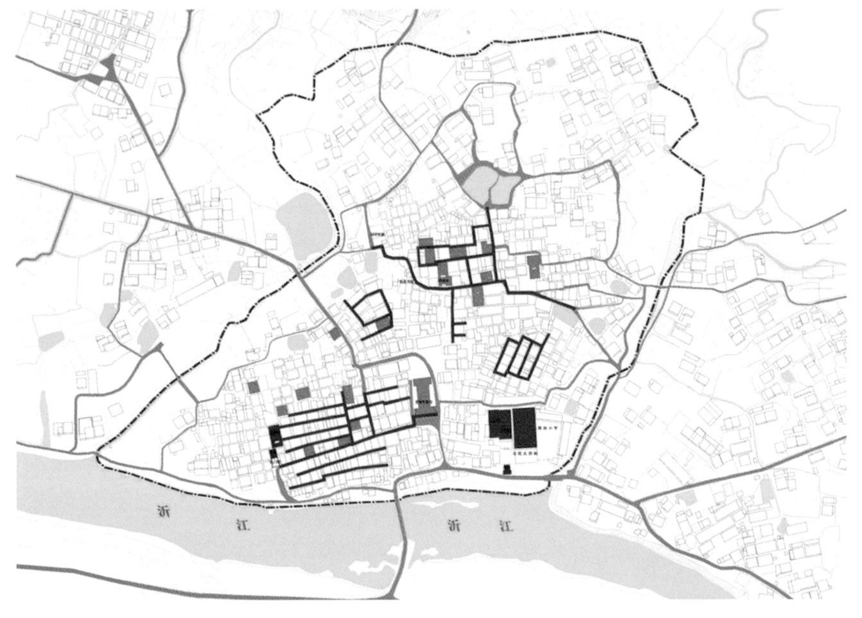

5

6

图3-3-5　**古村街巷格局风貌**
（图片来源：作者摄）

图3-3-6　**古村西侧地块街巷肌理**
（图片来源：作者自绘）

湖洲古村的商贸职能的发展。古村兴建的精美宏大的祠堂和民居建筑，也多为村民经商致富回乡之后捐赠营建，从侧面反映了湖洲古村滨江商贸村落的规制特征。

古村街巷布局规整成棋盘式，主巷联通村里重要公共设施，铺地多为本地材质，风貌完整，支巷纵向联系主巷，这种布局整体上利于通风采光，同时街巷走向因地制宜，顺应地形地势，整体呈一定偏角，利于排水灌溉，充分体现了古村理性、科学的设计理念（图3-3-6）。

古村内部的传统水圳系统至今保存十分完整，并且一直在使用，古村的排水、小气候调节、灌溉给水、防火以及开放空间的组织都依托水圳系统展开，延续至今仍在使用，其生产与生活的关系集中体现了生态和谐与可持续发展的理念和科学布局、因地制宜的内涵，具有突出的社会经济价值。

3.3.4　价值特色四：庐陵文化古村落的典型代表

湖洲古村深受庐陵文化的影响，在文化理念、村庄布局、宗族特征、建筑风貌以及传统习俗等方面均集中体现了庐陵文化的特征，其浓厚的地域性文化和风貌特征十分鲜明，古村是庐陵文化古村落的一个典型代表。

3.3.4.1　庐陵文化背景

吉安古称庐陵，素有“江南望郡”和“文章节义之邦”的美誉。悠久的历史，孕育了众多的文化名人和底蕴深厚的庐陵文化。庐陵文化，是江西赣文化乃至中国传统文化中的重要支系，向来受到专家学者们的高度关注，许多研究成果为当地文化发展提升了自信。

庐陵从秦初设县，汉末设郡，区域范围包括了后来吉安府的大部分地方。隋朝设立吉州后，还几次恢复了庐陵郡之名。庐陵作为行政区划名称长期出现在史册中，比吉安之名的历史长了1500多年。庐陵郡、县城一直是吉州、吉安路、吉安府的行政驻地，是赣中政治、经济、文化的中心。

庐陵文化是一种地域文化，是有史以来生活在庐陵一带的人们共同创造的精神财富，包括思想、道德、观念、文学艺术等意识形态以及人们的行为方式等。

庐陵文化源远流长，博大精深。它的精髓是“文章节义”，具体内容十分丰富，包括山水文化、农耕文化、宗教文化、书院文化、科举文化、名人文化和民俗风情等，有鲜明的地方特征，是赣文化的重要支柱。

庐陵文化发展有两个高峰期，一是宋代，二是明代。尤其是宋代处于顶峰，涌现了欧阳修、文天祥、胡铨、杨万里等一大批彪炳史册的文化名人。他们的家乡属于古庐陵郡、县的范围。他们在作品中，常描述庐陵风情，说自己是庐陵人，庐陵之名伴随这些杰出人物名扬天下。到了明代，一些著名的人物，如解绪、罗洪先、杨士奇等，他们的家乡虽属吉安府，不是庐陵县管辖的区域，可他们一直以自己是庐陵先贤的同乡而骄傲，把欧阳修、文天祥等当作楷模，有时也称自己是庐陵人。

明清时期，庐陵商人“江右帮”与晋帮、徽帮同为国内三大商帮。这些人发达后往往要在家乡兴建居所，因此也就为吉安古村落民居的建造打下了雄厚的物质和技术基础。

3.3.4.2　湖洲古村庐陵文化的体现

村落营建，突出“山水宜居”——山水文化。在古村布局营建上尊重自然，凸显庐陵山水文化内涵，体现在古村靠山面水，山水宜居的特征。古村处于山环水抱之中，周边生态环境极佳，遍布耕地，有利于生产，是人与自然完美结合的结晶（图3-3-7、图3-3-8）。

7
——
8

图3-3-7　**湖洲古村远眺（南向北）**
（图片来源：作者摄）

图3-3-8　**山水与古村建筑完美融合**
（图片来源：作者摄）

耕读传家，彰显“文章节义”——耕读文化。在文化理念上湖洲尊崇耕读传家和文章节义，在辛勤劳动的基础上不忘文学修养和内心的修炼。

文章，突出在办学著述、科举出仕两个方面。重科举、畅文学，文人著述繁茂。习凿齿，东晋时期著名史学家，撰修《汉晋春秋》、《襄阳耆旧记》。习有毅，北宋时期官仕吉州刺史。习嘉言于明永乐年间参与编修《宣德实录》、《通鉴直解》。习振翎于清乾隆年间官至山西省布政使，著有《公余集》。

节义，表现在重忠节、道义，如不畏强权、刚直正气。习凿齿，提出了

“越魏继汉”的国家一统论思想，东晋灭亡后拒不出仕。

宗族延续，历经源远流长——宗族文化。庐陵文化区域内的村落形成、社会变迁有着相似的发展历程和演变规律，或避战乱，或官仕徙居。古庐陵地区的村落历史久远，远祖自汉唐北民南迁、宋元以后士族定居，立足建村、同姓聚居，热衷于编修族谱、修建宗祠。

精神修养，注重包容并蓄——宗教文化。有自然崇拜、神灵崇拜、宗教崇拜，更主要的是儒家思想的尊崇，体现了中国古代农耕文化的包容并蓄，古村落内庙、庵、宗祠共存。

3.3.4.3 湖洲古村是赣中乡土建筑的博物馆

湖洲古村内至今还保存有大量的地方性乡土建筑，如民居、公共建筑、生产用房等（烤烟房、榨油房），其风貌与古村质朴的环境相得益彰。建筑布局上，民居建筑高低错落、与山水环境融为一体，人文景观突出；在公共建筑类型上，有古书院、古宗祠、古戏台等；在建筑结构和材料上，主要有木结构、砖木结构、土坯结构等（图3–3–9）。建筑材料多因地取材，有土坯、砖、青石、木材等；在建筑平面上，多以地天井、厅堂为核心，建筑基础、天门、天眼、天窗、马头墙等有一定的规制。在墙体垒起、雕镂、清水砖墙、青石铺筑、屋瓦门斗等方面都有明显的建造工艺特征。湖洲村中的乡土建筑堪称庐陵地区乡土建筑的一座小型博物馆（表3–3–1）。

如村里民居中，多采用天井平面设计。天井在很多地区的乡土建筑是比较常见的平面。它原本作为建筑的内部空间，在清末以后的庐陵地区逐渐发展成

图3–3–9 **湖洲典型的土坯乡土建筑**
（图片来源：作者摄）

为室外空间——“天井院”，以提供更好的通风、排水条件及交通空间，特别是在小型民居建筑中普遍存在，是南方天井与北方合院的结合。而在庐陵地区民居中还有地天井，它是天井的组成部分，其主要功能是排水，是建筑排水系统的枢纽，庐陵地区传统建筑的地天井形制主要分为土形天井、水形天井、坑池天井三种。

天井院民居，采光和通风基本上依靠外墙高处的天门、天眼和天窗，是独特的高位采光方式；天门是在厅堂前外墙大门上方开出一个裂隙口，天眼是在屋面上对天开一个裂隙口，天窗则是近代以后在大门上方的外墙上直接开设高窗，采光通风条件更好。庐陵地区的传统乡土建筑在以天井为核心组成基本单元的同时，与“进”又有结合，通过纵向和横向的多“进”连接，形成复杂的平面布局。庐陵地区传统民居建筑同样重视天井四个界面的处理，门窗面板多做成精细雕镂的隔扇，为了防潮，隔扇下部多使用青砖、青石贴面，很少使用支棂窗。

在屋顶结构中，崇尚“四水归堂”的理念，周边坡屋顶为坡向天井的内排水式，屋顶形式基本上是封火墙硬山式，坡向天井的檐口出檐很大，出檐的形式和结构样式丰富。屋面基本上是青瓦覆盖，铺瓦方式简单，不做装饰，很少使用滴水、勾头，青瓦屋面坡度平缓舒展。

马头墙是庐陵地区建筑的重要特征，其功能上是防火防风的山墙，马头墙墙顶的跌落形式有三山式、五山式、七山式，基本上是平行阶梯式跌落造型。庐陵地区民居建筑的马头墙构造简单、精巧别致，墙顶顺砖叠涩、上覆青瓦，外侧翘首上挑。

湖洲古村庐陵建筑特征分析 表3-3-1

建筑要素		特征简述	结构示意图	实景照片
平面格局	地天井形制	地天井是天井的组成部分，其主要功能是排水，是建筑排水系统的枢纽，庐陵地区传统建筑的地天井形制主要分为土形天井、水形天井、坑池天井三种	水形虎眼天井 水形天井 水形虎眼天井	
	天井院	天井，原本作为建筑的内部空间，在清末以后的庐陵地区逐渐发展成为室外空间——“天井院”，以提供更好的通风、排水条件及交通空间，特别是在小型民居建筑中普遍存在，是南方天井与北方合院的结合	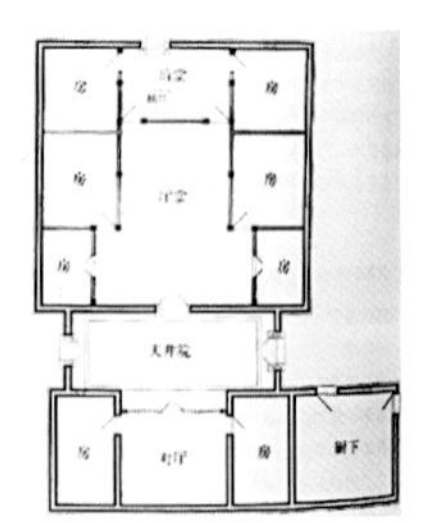	 

续表

建筑要素		特征简述	结构示意图	实景照片
平面格局	天井与“进”	传统建筑多以天井为核心组成基本单元——“进”，在通过纵向和横向的多“进”连接，形成复杂的平面布局	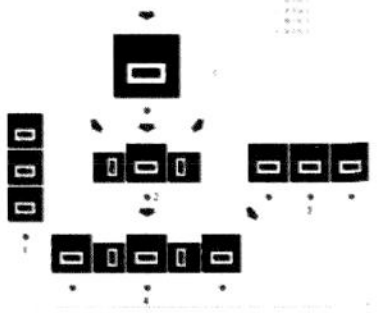	
结构框架	木构架	传统民居建筑的木构架基本上是穿斗式，在柱子上直接支檩（桁），各柱间用穿枋联系，构成一组排架，排架间用构件连接，组成木构架空间的框架，周边墙体基本上是围护结构	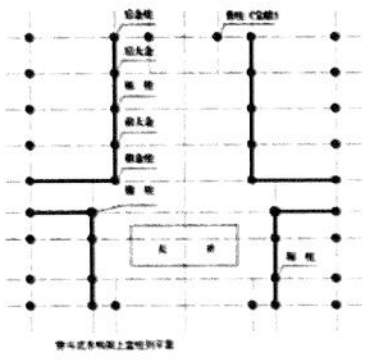 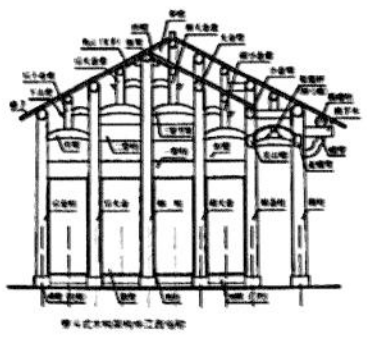	 
	砖木结构	砖木结构在庐陵地区的建筑中使用较为广泛，特别是近代建筑材料与技术的应用，环绕天井的四个界面保留了木结构、建筑的内外墙则为青砖砌墙	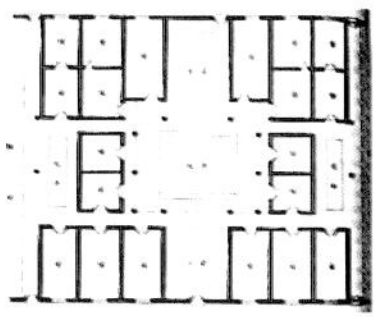	
屋顶	屋顶构造	传统民居建筑崇尚“四水归堂”的理念，周边坡屋顶为坡向天井的内排水式，屋顶形式基本上是封火墙硬山式，坡向天井的檐口出檐很大，出檐的形式和结构样式丰富	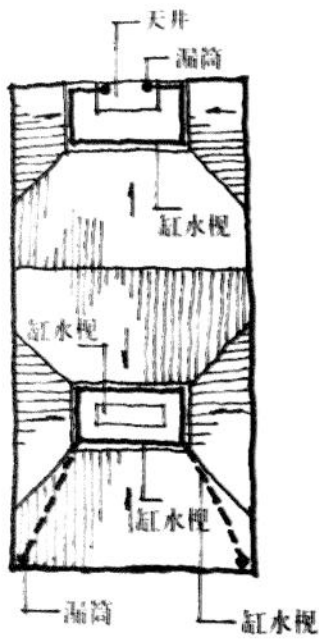	 
	瓦	传统民居建筑的屋面基本上是青瓦覆盖，铺瓦方式简单，不做装饰，很少使用滴水、勾头，青瓦屋面坡度平缓舒展		 

续表

建筑要素		特征简述	结构示意图	实景照片
马头墙		马头墙是庐陵地区建筑的重要特征，其功能上是防火防风的山墙，马头墙墙顶的跌落形式有三山式、五山式、七山式，基本上是平行阶梯式跌落造型。庐陵地区民居建筑的马头墙构造简单、精巧别致，墙顶顺砖叠涩、上覆青瓦，外侧翘首上挑	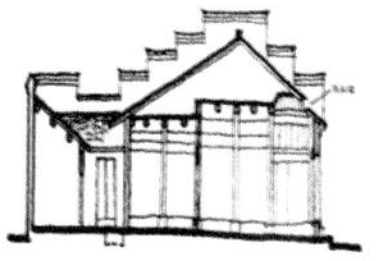	
外墙	墙体材料	传统建筑的建筑材料主要使用青砖，墙面用青砖层层垒砌，从墙基垒砌至屋顶，外表面不粉刷石灰，清爽古朴		 
	墙体垒砌	传统建筑的建筑墙体砌筑方式垒砌方式有眠砌墙和空斗墙两种砌法，不同的砌砖方式使墙体构成不同的纹饰图案，石灰抹缝		 
	天门、天眼天窗	庐陵地区的中小型民居和天井院民居，采光和通风基本上依靠外墙高处的天门、天眼和天窗的特殊高位采光方式；天门是在厅堂前外墙大门上方开出一个裂隙口；天眼是在屋面上对天开一个裂隙口，天窗则是近代以后在大门上方的外墙上直接开设高窗，采光通风条件更好	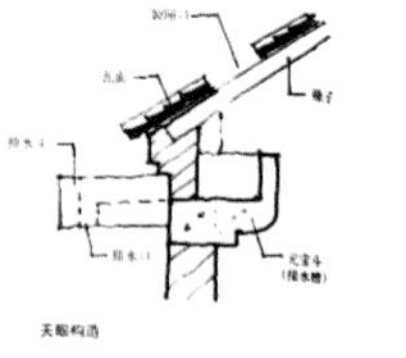	 
装饰艺术	雕镂	传统民居建筑的雕镂装饰主要有木雕和砖雕。木雕主要在室内梁架、天花、围栏等处，做工精巧细致；砖雕主要材料为青砖，应用在外墙面、大门入口、屋顶处		

续表

建筑要素		特征简述	结构示意图	实景照片
装饰艺术	柱础	柱础的功能是保护柱身、防潮。庐陵地区的民居柱础样式丰富，制作简繁不一，有时辅以雕镂，多使用石质材料		
	隔扇	传统民居建筑很重视天井四个界面的门窗，面板多做成精细雕镂的隔扇，为了防潮隔扇下部多使用青砖、青石贴面，很少使用支棂窗		
大门	门罩	庐陵地区建筑外立面简朴，多在大门入口处重点做艺术处理和装饰，大门上有门罩和门斗；门罩形式上类似马头墙，多与马头墙组合成外立面的多层跌落		 
	门斗	门斗形制在庐陵地区的民居中使用普遍，在大门入口处向内凹进形成半室外空间，提供避风遮雨	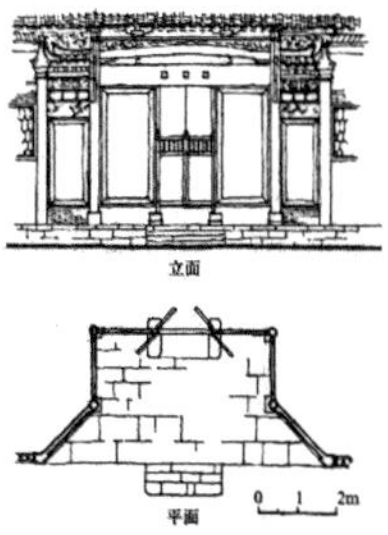	

04

第4章 湖洲村保护规划改善与功能综合提升

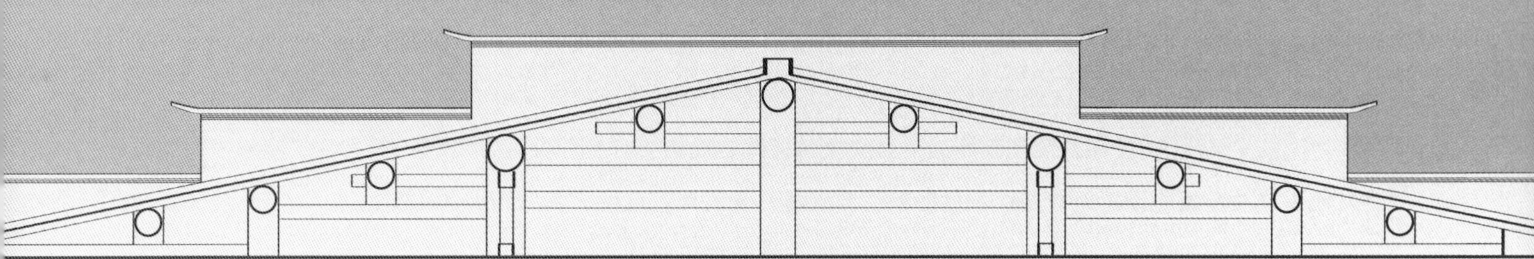

4.1 湖洲村总体保护规划

4.1.1 村庄保护与发展协调[1]

协调古村与“新村”的关系，保护与发展同步。湖洲古村为保护的重点，是历史文化名村价值与特色最为集中的区域，应予以重点保护，未来逐步疏解与保护相冲突的相关职能，如集中的家畜养殖、与古村历史文化不相关的作坊工业等。适度疏解人口，降低古村内的发展压力。《江西峡江县湖洲历史文化名村保护规划》（以下简称保护规划）将新增人口与发展建设用地布局在古村以外，形成新、老两片发展区，新增拓展区主要位于古村北侧和东侧，以增强经济、增收就业功能，增加村庄整体活力为主；古村以保护为主，禁止进一步的拓展和内部新建建设（除规划允许的建设除外），并为未来遗产展示利用提供基础。

4.1.2 古村人口疏解与新增安置

目前，湖洲古村总人口为1884人[2]，村庄建设用地为15.11公顷，人均村镇建设的用地是80平方米/人，人均指标较低，住房、环境卫生、交通等方面已经开始凸显了人口密度较高的问题。综合考虑国家标准和江西省标准，人均建设用地在100~120平方米/人相对适宜。所以，未来规划增长的人口就不适宜继续在古村范围内安置，同时为了保持古村落传统形态格局与风貌特色，规划总体保护策略是发展新村的建设，古村人口保持现状，新增人口在古村以外进行安置，缓解古村内部压力。

4.1.3 村庄空间发展引导

在湖洲古村的空间结构布局上应本着真实性和整体性的原则进行设计，逐步使之达到相对和谐的状态。现状古村与周边的自然村已经逐步连绵发展，传统村落的格局形态逐渐丧失，为保护古村整体格局风貌，并处理好与周边村庄的关系，在总体层面考虑构筑古村核心，利用自然生态景观要素将古村形态逐步廓清，形成相对独立的发展组团，通过绿带和水系的强化使湖洲古村与新屋下和江边拉开一定的空间距离，使新村的建设不影响古村的保护状态，维护古村景观风貌的完整性。

❶ 村庄保护与发展协调策略为《江西峡江县湖洲历史文化名村保护规划》内容。

❷ 人口规模来自《江西峡江县湖洲历史文化名村保护规划》2012年数据，此后没有更新。2017年在对湖洲村的回访中了解到，近几年村中人口变化不大，特别是古村范围几乎没有外来人口增长，外出人口变化也非常有限，因此，尽管没有重新统计2017年的数据，但根据回访情况判断，变化不大。

4.1.4 村庄产业发展引导

湖洲现有产业以农业生产为主，产业不丰富，特色不鲜明。湖洲古村的产业发展策略应扬长避短，充分利用自身历史文化资源，补充新的具有附加值的产业类型，以建设绿色生态型产业（生态农业和乡村旅游服务业）为主导。

规划湖洲未来产业主要由三部分构成：继续强化农业的基础性地位，发展成为生态型观光农业，对特色农产品进行政策性扶持，注入文化内涵，结合文化旅游进行再发展，如峡江米粉、烤烟叶、黄栀子的进一步开发；利用湖洲深厚的传统文化资源（物质遗产和优秀传统文化），发展特色规模产业，结合旅游的发展开展传统加工业工艺流程的展示和产品展示等方面的服务（如舞龙、剪纸等技艺）；另外，以居住功能为基础，加强与旅游开发相关的配套，包括农家乐形式的旅游餐饮业、民宿形式的体验式旅游业等。

4.2 湖洲村村域保护

4.2.1 村域整体山水格局的保护

保护湖洲村周边自然山水环境，主要包括保护与名村相关的地形地貌、河湖水系。保护狮子山、长龙山、远山和蜈蚣山所环绕的古村山体背景环境，并保护山体与村庄之间开阔的视线关系，控制建筑高度与风貌，对村庄建设用地的拓展方向和规模予以控制。

保护古村南沂江水系完整性，禁止填挖破坏水系和驳岸，重点保护村庄堤岸的走向与亲水界面的完整性。保护古村外围“六水汇江”的水系格局，保护各水系走向与滨水景观环境。

保护与古村发展密切相关的农田耕地，系统保护古村落“山-水-田-村”的整体格局，严格控制古村建设用地的无序拓展，禁止侵占农田进行开发建设，维护水系对于村庄的景观塑造与灌溉功能。

古村保护方面，湖洲古村作为山水环境格局特色突出的历史文化村落，应当注意保护其历史格局与山水环境，突出村庄与自然山水、农田、水系的整体关系。并按照历史文化名村保护的要求对古村周边环境进行整体保护，严格控制建设。

4.2.2 景观视廊的控制

观山视廊控制：观山视廊指古村内部体现周边山体景观存在感的景观视廊，重点保护从湖洲古村的沂江滨水区域的重要观景点往南侧看老虎山、蜈蚣山的视廊，保护从村内的重要开敞空间，如村委会以北的广场、村内较为开阔的池塘水岸观山的视廊。

周边观景点视廊控制：观景点视廊指从与湖洲村空间关系密切的四周山体高点俯瞰湖洲村的景观视线范围的视线控制。湖洲村重点应当控制从沂江南岸老虎山向北眺望湖洲古村、从西侧山头眺望湖洲古村的观景点视廊。

视线半径范围控制：是指根据人的视觉可达区域的半径区分的视线控制敏感区域，结合湖洲村周围山体格局的实际情况，划定500米和1500米两个控制层次，500米内的山体为第一层次视线可直接感知的山体，应当重点保护观山视廊，严格控制建筑高度、风貌等要素，1500米控制范围中的远山应当注意整体自然环境保护与山体构筑物（如电力电信设施）的建设控制（图4-2-1）。

滨水景观视廊控制：是指滨水地区两岸的景观视线控制区域。包括湖洲古村东西两侧的溪流以及沂江两岸的景观视廊的控制，应确保滨水景观的开敞性，禁止遮挡。

景观视线分析方面：根据前面景观视廊控制的分析结论，针对景观视线影响的强弱程度，分别提出相应的建设控制要求。

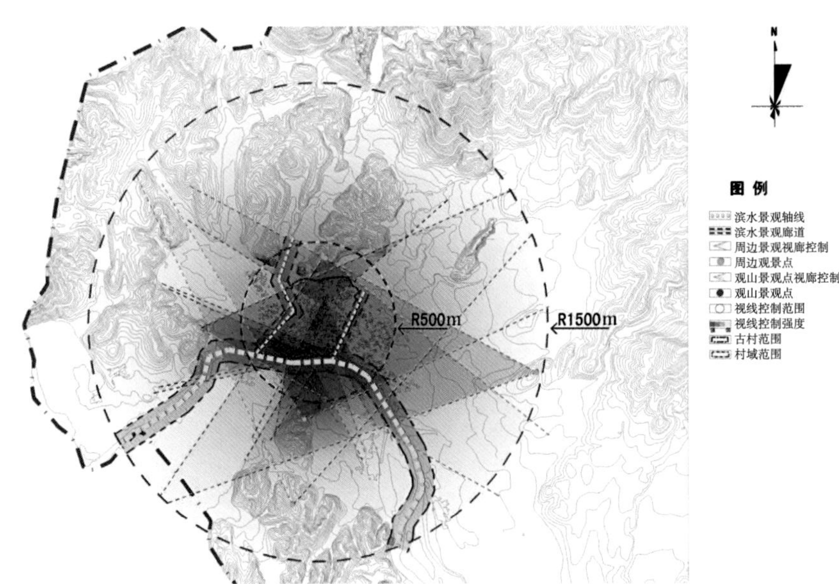

图4-2-1 **村域景观视线分析**
（图片来源：作者自绘）

4.2.3 村域用地控制及空间管制

4.2.3.1 村域用地控制引导

村域用地分为林地、耕地、文物古迹用地、水域、村域公路交通用地、村庄建设用地六类，用地总共为2961.47公顷（表4–2–1）。

其中位于安田自然村西北侧的樟树林用地是湖洲古村下水口林用地，应予以保护，严禁破坏。

村落土地统计分析表 表4-2-1

用地分类	类别代码	面积（公顷）
林地	E1	2193.56
耕地		688.97
文物古迹用地	E6–A7	0.22
水域	E2	30.05
村域公路交通用地	E6–S1	7.2
村庄建设用地	E6	41.47
总计		2961.47

村域内未来新增用地的拓展应综合考虑各方面的要求，包括上位规划、古村保护要求以及景观视线要求，从而合理确定村庄建设用地的发展方向和规模边界。

土地利用规划方面，湖洲村村域土地利用规划落实峡江县土地利用总体规划（2006—2020年）中提出的要求。对基本农田、一般农田、村镇建设用地、山林地和水域明确了发展的边界范围和各类用地规模总量。村域未来用地发展应以上位土地利用规划为依据。

另外，根据当地实际，全面综合协调安排村庄各类用地。村庄建设用地原则上应集中紧凑布局，适当预留发展用地，避免无序扩张。尽量不推山、不砍树、不填塘、不刻意裁弯取直巷道、支路等道路。

至2020年土地利用规划规定的湖洲村域村镇建设用地规模为70公顷（图4–2–2）。

4.2.3.2 村域建设控制引导

在确保古村未来有序建设目标指引下，村域建设按照分区分级方式进行控制。村域范围内分四个建设控制区：禁止建设区、建设严格控制区、建设一般控制区和建设引导区（图4–2–3）。

禁止建设区：主要为土地利用规划中明确的禁止建设开发用地和难以开发利用的用地，以及从古村保护和景观视线角度分析应保护的区域，包括村域内的基本农田、山林地

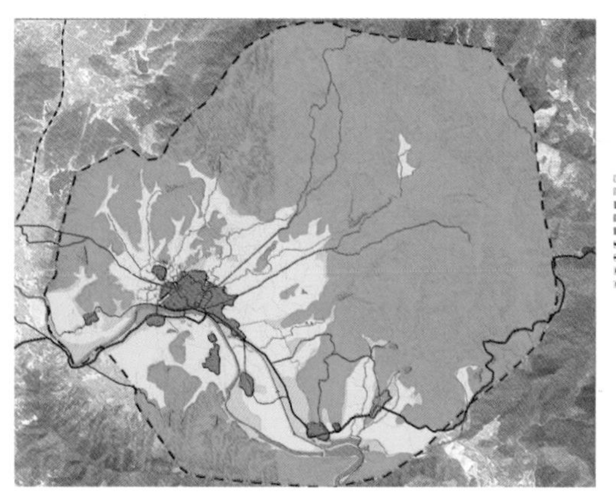

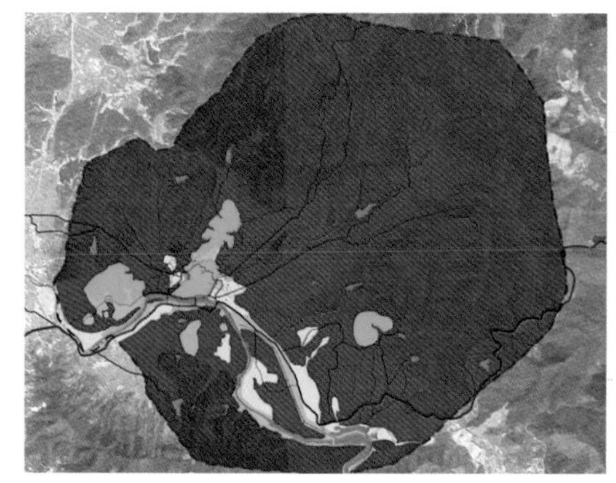

2 | 3

图4-2-2　**村域土地利用规划图**
（图片来源：作者自绘）

图4-2-3　**村域空间管制规划引导图**
（图片来源：作者自绘）

和视线景观集中区。在本区应严格遵守土地利用规划要求、历史文化遗产保护相关条例，除特殊情况并经相关[1]审批外，不得进行非农建设活动。

建设严格控制区：包括湖洲古村范围和一些远景眺望的视线敏感区。本区内除必要的建设并经相关审批外，不得新建其他建筑物和构筑物，杜绝任何毁林、破坏地表植被的行为。

建设一般控制区：为土地利用规划允许建设区域和对景观视线影响较小的地区。本区内经相关审批可建设少量为农业生产和民俗旅游服务的临时性建筑，公厕、垃圾收集点等小型基础设施以及为农业生产服务的小型构筑物。经相关部门审批，在本区范围内可进行局部房屋翻新、外观整修、环境整治等，严格控制新建设房屋，建筑风格、体量应严格与传统风貌相协调。

建设引导区：为适宜开发建设的区域，主要包括了土地利用规划允许建设的用地和景观视线分析没有影响的区域。该区域内可以适当进行公共服务设施与旅游服务设施建设，应当严格控制规模和建筑风貌。本区内所有土地用途需符合规划要求，不得任意更改土地使用性质。

4.2.4　村域道路交通规划

4.2.4.1　村域道路交通现状

外部道路交通环境：峡江县区位优势明显，交通设施完善，水、陆、铁交通优势兼得。105国道、京九铁路及赣粤高速公路南北穿境而过，水上交通便利，距县城10公里的赣江峡江段，常年通航，可达南昌、九江及长江各港口。峡江赣江大桥已于2004年7月3日竣工通车，为构建“县域半小时经济圈”，形成畅通的交通网络奠定了基础。县城距省会南昌137公里，距吉安市城中心70

[1] 相关审批：农村建设管理有别于城镇。较多情况下农业、环保、水利等部门的管理职能和规划作用相同，保护规划必须与多个相关规划协调，才能更好地解决村庄建设问题。因此，此处没有用“规划”，而是“相关审批”与村庄建设管理的特点衔接。

公里。从峡江出发乘车前往上海、杭州、温州、长沙、福州、合肥、南京、广州、厦门等地12小时内均能抵达。境内乡村公路网四通八达，实现了村村通。但是，目前仅有村庄南侧一条四级公路（285乡道）转吉安干线、105国道，间接与峡江县城相联系（图4-2-4）。

村域道路交通环境：285乡道是湖洲村村域最主要的公路，该公路通过村前桥梁跨过沂河后沿河向西，联系湖洲村、大西头、西元等村落。全村所有的机动车出行必须经过现状村南的桥梁，对外联系性较弱。同时，以湖洲村为中心有发散状的次级道路，路况不佳，部分延伸至村外后成为土路，延伸至周围山体截止（图4-2-5）。

4.2.4.2 道路交通规划

连接县域公路。现有的峡江县公路规划中，2015年干线公路规划中的一级公路未能到达湖洲村，需要转换四级公路。旅游公路规划中的二级公路与峡江县城相联系，但是与峡江县城的联系仍显不便。建议在馆头村西南新建一条与285乡道等级相同的公路，与现状联系峡江县城与峡江火车站的公路对接，形成从峡江县直接联系湖洲村的一条道路，改善湖洲村对外联系的便捷度（图4-2-6）。

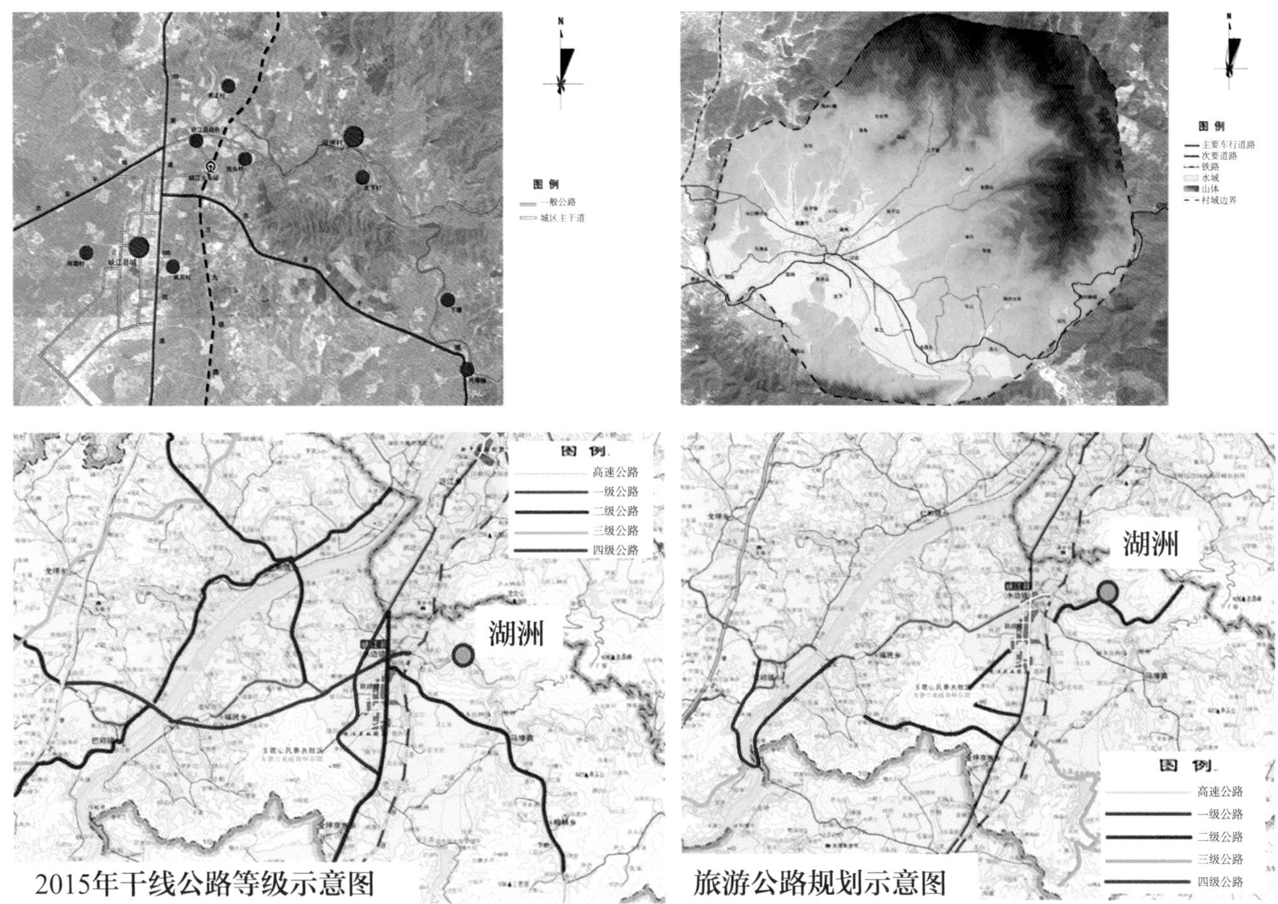

4	5
6	

图4-2-4 区域道路交通现状图
（图片来源：作者自绘）

图4-2-5 村域道路交通现状图
（图片来源：作者自绘）

图4-2-6 “十二五“规划区域交通示意图[1]
（图片来源：作者自绘）

[1] 来源：峡江县“十二五”规划。

增加支线公交。目前，湖洲村对外交通联系只能依靠自驾车，这给村民出行造成了极大的不便。同时，湖洲村建设发展用地有限，考虑到未来村庄旅游发展，大量设施需要在峡江县城解决，因此需要强化湖洲村与峡江县城的公共交通联系。为此建议：近期可由政府提供部分资金支持，协助村庄开设早晚各两次的班车，方便村民外出，同时为部分游客服务。规划远期，考虑到旅游发展规模的扩大，建议增设联系湖洲村与峡江县的支线公交车（图4-2-7）。

优化村域道路。保留现状入村的车行道，对断面进行改造以适应未来交通和旅游需求。以沂江南岸的主要车行道路与峡江县城相连接。在沂江北岸现状桥梁以东新建桥梁与江边、大西头、西元等村庄相连接，升级为村域主要道路。

利用现有的土路及村内道路改造，增设古村外围的环形车行道路，道路宽度为6米，促使古村机动交通向外疏解，避免穿越。在村东、西两侧增设两座车行桥梁，连接环形车行道路与沂江南岸的村域主要道路。

增设两条旅游步行专用道路，连接老虎山、乌滩庙等登高点，便于旅游展示。

增设一条田野旅游步行道，连接古村东侧农田，体验生态农田景观（图4-2-8）。

4.2.4.3 交通设施规划

结合未来村庄发展与旅游服务需求，村域范围内共规划设置公共停车场地五处，总面积约为2000平方米。沿环村路增设三处小型停车场，每处面积约为150平方米，可停放4～5辆小型车。分别位于东、南、北三个方向。在原入村道路桥梁南端增设一处临时停车设施，可停放大型旅游车两辆和小型车五辆。限制机动车通过原有的桥梁进入古村，在安田村东南侧结合旅游服务功能增设一处停车场，面积约为1000平方米，可停放10辆大型旅游车和15辆小型车。

7 | 8

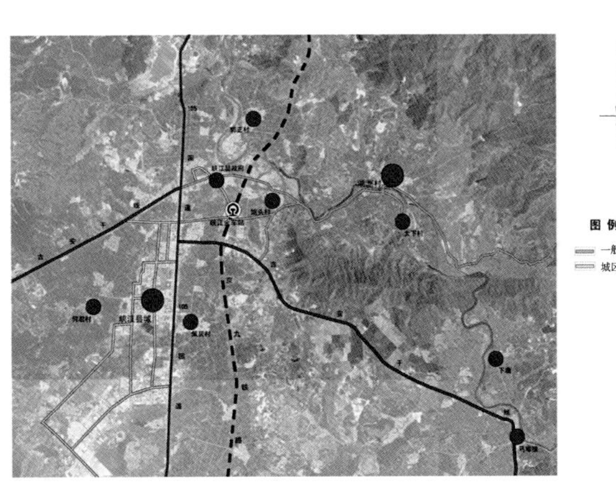

图4-2-7　区域道路交通规划图
（图片来源：作者自绘）

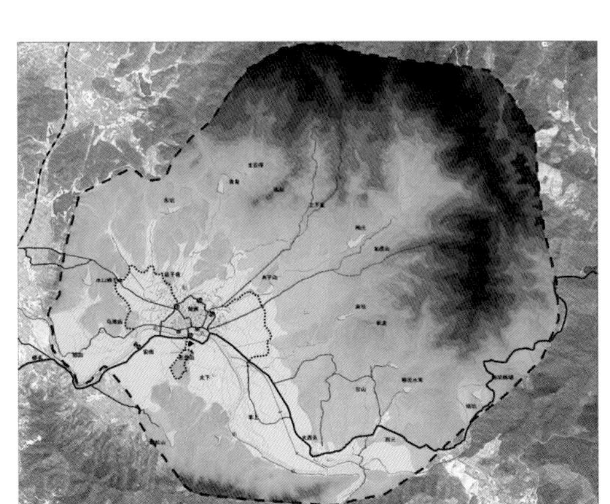

图4-2-8　村域道路交通规划图
（图片来源：作者自绘）

保留现有村南的桥梁，进行风貌整治。同时在村庄南部桥梁东西两侧各300米的距离增设两座可供机动车通行的桥梁，桥面通车宽度6米。与新修的旅游车行道相衔接形成环路，新建的桥梁采用传统石桥风格。

设立三处码头，主要为古村整体风貌展示和未来水上交通及旅游展示服务，分别在刁氏大宗祠前广场处、花门楼前开敞空间处和安田村西南的旅游服务中心处。

4.3 湖洲村保护区划与格局风貌保护

4.3.1 保护区划及保护控制要求

依照《历史文化名城名镇名村保护条例》和《历史文化名城名镇名村保护规划编制要求（试行）》，以及《传统村落保护发展规划编制基本要求（试行）》中的规定，历史文化名村保护应划定核心保护范围和建设控制地带。同时，根据湖洲古村实际状况和保护要求，划定环境协调区。

保护区划依据如下原则划定：保护现存历史文化遗产本体的安全性、延续性；保护古村环境和历史信息的完整性；满足管理控制的可操作性，具有保护措施实施的有效性；促进遗产保护与地方经济发展、社会进步的协调。

4.3.1.1 核心保护范围

保护区划范围：核心保护范围是文物保护单位、历史建筑较为集中、空间格局保存完好、街巷风貌特征明显、需要重点保护和严格控制的区域。湖洲古村核心保护范围西至花门楼、继美堂西侧，南至沂江北岸，东至刁氏大宗祠东界并延续向上至水塘，北部到村中大水塘并向西延续至科甲世第宅。占地面积8.9公顷。

保护控制与规划管理要求如下：

第一，在核心保护范围内，不得进行新建、扩建活动（除新建、扩建必要的基础设施和公共服务设施外）；新建、扩建必要的基础设施和公共服务设施，县城乡规划主管部门核发乡村建设规划许可证前，应当征求同级文物主管部门的意见；拆除历史建筑以外的建筑物、构筑物或者其他设施的，应当经县城乡规划主管部门会同县文物主管部门批准。

第二，上述建设活动审批前，审批机关应当组织专家论证，并将审批事项予以公示，征求公众意见，告知利害关系人有要求举行听证的权利，告示时间不得少于20日；利害关系人要求听证的，应当在公示期间提出，审批机关应当在公示期满后及时举行听证。

第三，核心保护范围内对传统格局肌理进行严格保护，对区内的格局风貌、街巷、水系、建构筑物、院落、古树名木等保护措施应符合后述保护范围内专项保护措施的要求。

第四，核心保护范围内保护整治应坚持“小规模、微循环”的原则。

4.3.1.2 建设控制地带

保护区划范围：建设控制地带位于核心保护范围以外，是为确保核心保护范围的风貌、特色完整性而必须进行建设控制的地区，重在对新建、改建建筑物、构筑物在外立面形式、高度、体量、色彩等方面的控制。湖洲古村建设控制地带范围边界与古村范围的边界基本一致，南部拓展至沂江南岸部分用地，是未来需要重点建设控制的区域。其处于核心保护范围之外，呈环状，占地面积18.7公顷（图4-3-1）。

保护控制与规划管理要求如下：

第一，新建、扩建、改建建筑的高度、体量、色彩、材质等应与核心保护范围内建筑相协调。新建设项目不得破坏原有格局与景观风貌；各种修建性活动应在规划、文物、建设等有关部门指导并审批同意下才能进行；格局风貌、街巷、水系、建构筑物、院落、古树名木等保护措施应符合后述保护范围内专项保护控制要求。

第二，对耕地进行保护，禁止占用耕地或随意改变耕地用地性质的建设行为，严格按照用地规划要求实行。

第三，建设控制地带内整治更新应有计划、分阶段进行，避免大拆大建。

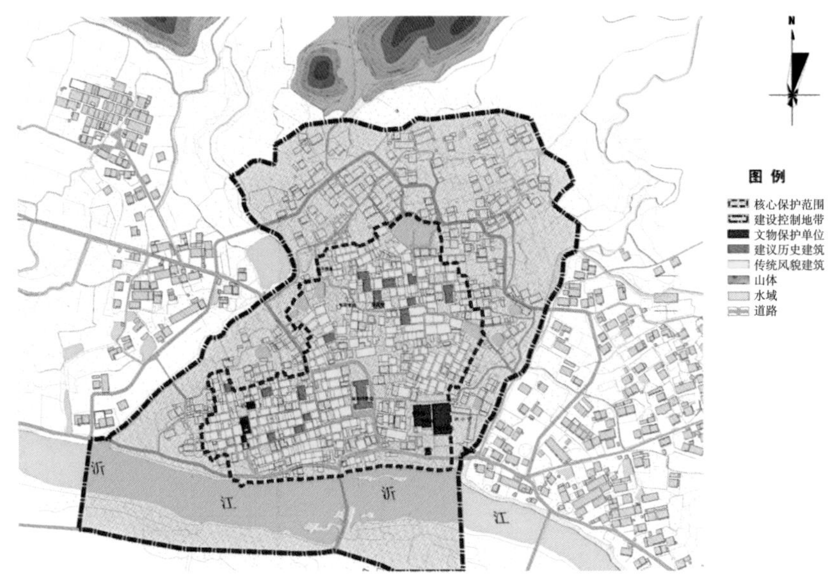

图4-3-1 **湖洲村保护区划图——核心保护范围和建设控制地带**
（图片来源：作者自绘）

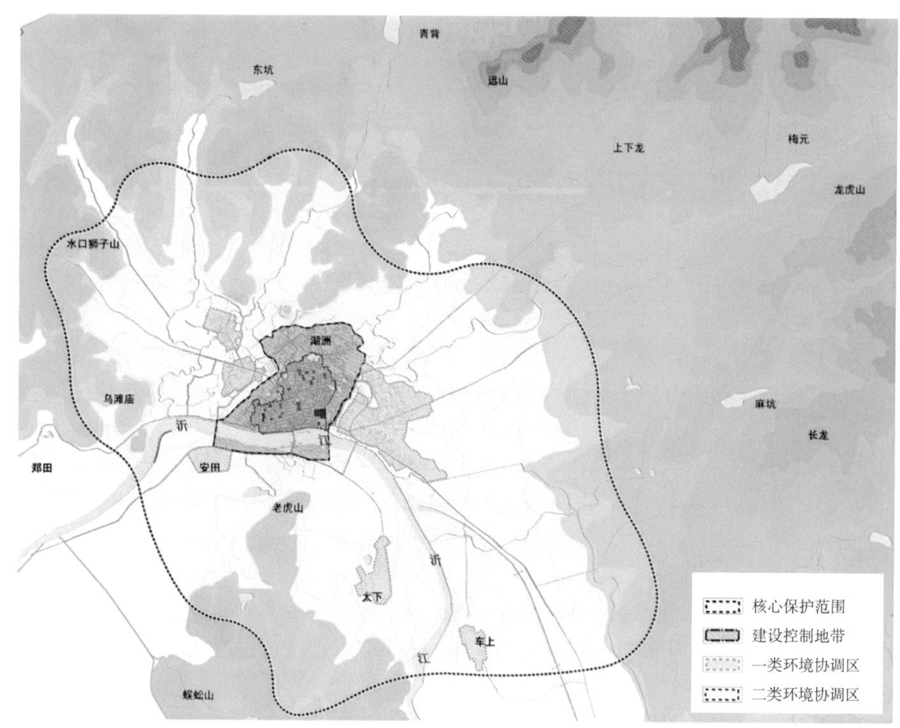

图4-3-2 **湖洲村保护区划图——一、二类环境协调区**
（图片来源：作者自绘）

4.3.1.3 环境协调区

根据《江西省历史文化名村名镇保护规划编制与实施暂行办法》[1]要求，并结合湖洲历史文化名村现状特征，划分两类环境协调区进行分层次保护控制。一类环境协调区为紧邻古村建设控制地带外围的村庄建设用地和未来村庄发展用地，着重控制建设风貌与古村的协调；二类环境协调区多为村庄外围的非建设地带，包括农田、水系、山体等自然背景景观，着重控制建设项目引入，保护古村外围的自然景观环境的完整性（图4-3-2）。

一类环境协调区内新建建筑应注重与湖洲古村历史环境及周边自然环境的风貌协调，新建建筑或更新改造建筑，其建筑形式、材质等要求在不破坏整体风貌环境的前提下，可适当放宽，新建筑应鼓励低层；区内一切建设活动均应经规划部门批准审核后方可进行。

二类环境协调区主要根据临近古村的山体第一条山脊线划定，包含与古村发展息息相关的耕地农田、水系等非建设用地，占地面积4.35平方公里。具体边界以区划图为准。

二类环境协调区内禁止审批任何建设项目，禁止任何建设开发行为。

二类环境协调区内重点对自然环境和景观风貌进行控制，保护古村周边历史与自然环境的完整性，禁止开山破石、水系填埋、占用农田等建设行为；必要的整治措施需经相关部门审批，并进行论证。对耕地进行保

[1] 第十一条在历史文化名村名镇中应划定保护区等级（即重点保护区、一般保护区、风貌协调区、外围控制区），明确划定保护范围，并提出相应的保护要求，以达到有效保护历史文化遗产的目的。第十四条在一般保护区和独立的重点保护区周围应划分一定范围设立风貌协调区，以利于与保护区内的历史风貌相协调。

护，禁止占用耕地或随意改变耕地用地性质的建设行为，严格按照用地规划要求实行。

4.3.2 古村传统格局与历史风貌保护

4.3.2.1 格局构成与特征

湖洲古村内部传统格局主要由传统街巷、水系、重要公共节点和整体村落肌理构成，是未来保护的重点。在整体风貌上应对村庄建设的高度进行控制。

湖洲古村是以刁氏姓氏为核心的宗族村落，在村庄的内部空间布局与结构上突出体现了中国传统宗族文化和礼制特征，以宗祠为村庄发展的重心，向外展开，并且构成了“主祠–支祠–家祠”的系统性布局结构。祠堂是一个家族供奉祖先牌位、祭祀祖先，也是一个家族议定族中大事的场所。人口众多的家族，设总祠、家祠，如分支再多，便在支祠下面设分祠。虽然现状这一结构在空间上保存的不多，但仍有部分重要遗存可以展现这一特征，应对“主祠–支祠–家祠”的古村格局结构和展现湖洲古村格局特征的重要节点遗存予以保护，包括刁氏大宗祠前空间、文名世第宅空间、戏台空间、居安堂前空间等（图4–3–3）。

4.3.2.2 湖洲村水系特征

《刁氏族谱》载：“县地龟坐也，山龙也，水龙泪丧而去”。即是讲湖洲基址呈龟形，中间高，周围低，村东、西两条溪水将村址同良田隔开，四座小桥就像龟脚，稳稳地站在中间，村址地形宽阔爽垲，沂江河水到达此地，不敢冒

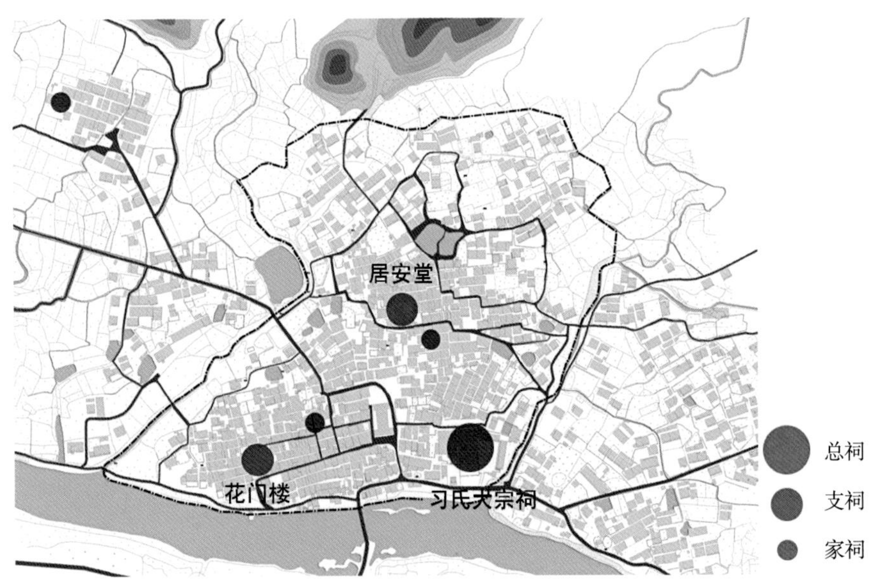

图4–3–3 村内宗族文化格局结构
（图片来源：作者自绘）

犯金龟，急转掉头向西而去。生动地描述了湖洲村周围的水环境，东西南三面环水，东西两条溪流自背后由山而来，环抱村落，南面沂江自东南而来，在距村庄东南近百米处转平缓向西而去（图4-3-4）。

在村庄四周广袤的田野中，水圳密布，水流四季不断。村庄内部房前屋后的明沟暗渠与村内池塘、村外小溪、沂江贯通形成网络（图4-3-5）。

4.3.2.3 水系的价值与作用

沂江是村庄选址建村的重要因素。充足的沂江水为村民的生产生活提供保障，另外，远有青山环卫，东西“双溪环抱”，南有沂江水绕流，形成山环水抱之势，满足堪舆中“负阴抱阳、背山面水、藏风聚气”的基本格局。

4

5

图4-3-4 **古村外部水系分布**
（图片来源：作者自绘）

图4-3-5 **古村水环境现状**
（图片来源：作者摄）

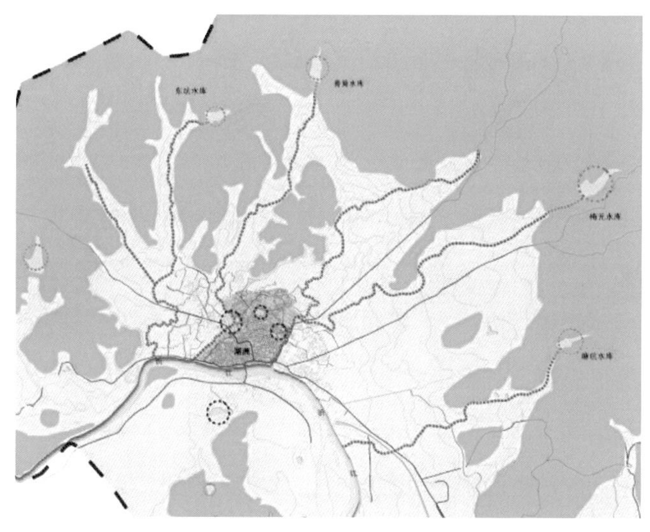

图4-3-6　**古村内部水系格局**
（图片来源：作者自绘）

溪流提供了村庄丰富的饮用水源，是净化村庄环境的重要组成部分，也是村民生活娱乐的汇集场所之一。村内现有水井大都是新近挖建，原有古井只发现有一处。村庄东西两侧溪流、村内沟渠、池塘相贯通，雨季涨水时流经村内各个角落带走脏污，更新塘水，净化村内环境。溪流边绿树成荫，凉快舒爽，是夏天妇女们洗衣淘米，小孩嬉戏玩乐，男人清洗农具的汇聚之地。

湖洲村民适当引沟开圳、挖塘蓄水，改造宜居环境。引沟开圳，认为"以地气之兴，虽由天定，亦可人为"，在"顺天"的同时开圳引水。水圳为村庄带来"财气"，并疏通一村之给水排水。水圳为村庄的农业生产灌溉提供了保障，也是缓解山洪冲击的重要水利设施。排水沟渠是净化村庄环境、防止洪涝灾害的重要设施，也是江南水乡景观的标志之一。

古村内的水塘也独具特色，挖塘蓄水，堪舆认为"塘之蓄水，足以荫地脉，养真气"，具有风水调节的价值。同时，村内的水塘是村庄排水系统的重要组成部分，是溪流与水渠之间的中转站，可缓解山洪溪流对村庄的冲击，也净化了村民的生活环境，对村庄防火等也都具有重要作用（图4-3-6）。

4.3.2.4　水系的保护

古村水系的保护对象：沂江、溪流、水圳、排水沟渠、水塘以及古桥古井等是构成湖洲水环境的重要组成要素，是村庄格局的重要组成部分。总体上应对上述内容予以重点保护和修复。

对于沂江的保护，存在的主要问题有[1]：新修跨江大桥与村庄整体风貌不协调；上游水库建设对沂江水流量产生较大影响；部分防洪堤岸老化，有被冲垮的危险；沿江垃圾倾倒严重，生活污水直接排入沂江，对沂江水造成一定污

[1] 此处及后文中提到的现状问题指2012年保护规划编制完成前的情况，其中部分问题目前已经得到解决。

图4-3-7 **修建的工程与滨水驳岸不利溪流景观展示**
(拍摄时间为2012年)
(图片来源：作者摄)

染。由于水库节流和水圳灌溉引水，西侧溪流水流量小，不利于溪流景观展示（图4-3-7）。

由此提出沂江的保护与整治措施：保护沂江河道流向及两边堤岸，控制沂江湖洲河段挖沙采石活动对河床的破坏，对老化段堤岸采取加固措施；禁止往江边倾倒垃圾，结合环卫工作定期清理沿江垃圾；上游水库在旅游旺季和农业灌溉季节应合理开闸放水，保证湖洲水景观和农业生产的正常运作；在沂江下游设置小型污水处理站，避免湖洲生活污水对沂江水质造成污染。

对于溪流的保护，存在的主要问题有：溪流岸线未经加固处理，存在安全隐患；村庄段岸边垃圾倾倒堆积严重，污染水质和景观环境；西侧溪流水流量小，影响村民生产生活，不利溪流景观营造。

由此提出溪流的保护与整治措施：保护村庄东西两侧的溪流，在维持现状溪流流向的基础上，加固维护溪流堤岸；清理溪流两侧垃圾，严格禁止往溪流里倾倒垃圾等污染物，保证溪流水的清澈干净；合理修缮村民洗衣淘米、休憩的古驳岸，方便村民生产生活；合理控制溪流上游水圳灌溉引水，保证溪流水量，维持并改善现状溪流水景观环境。

结合溪流保护建设供水系统，选取干净的溪流水作为村庄的主要饮用水源，集中供水，严格控制对溪流水体特别是取水源头的污染；在村庄北部建设必要净水设施，将溪水引至水厂处理后通过给水配水管线分片供给，管线沿巷道和院落墙角单侧浅埋铺设，接入各家各户。

对于水圳的保护，存在的主要问题有：现状水圳系统缺乏维护清理，沟渠堵塞坍塌，失去排水排污功能；不同时期修建的沟渠，未与以前修建统一协调，不成网络；新建设房屋，没有考虑与原有沟渠网络的协调，造成沟渠损坏；新建沟渠用材简陋，水泥浇筑与原保存沟渠不协调（图4-3-8）。

图4-3-8　**古村水圳现状**
（图片来源：作者摄）

由此提出水圳的保护与整治措施：保护村庄内水圳、古排水沟渠，修缮坍塌废弃的水渠；清理沟渠内的淤泥垃圾，新建沟渠采取雨水污水分流设计（图4-3-9）。整理花门楼片以及居安堂片沟渠保存较为完整沟渠，恢复原有网络格局。

统一修复完善花门楼片和居安堂保存较为完整的主要排水沟渠，鼓励各家自主修复门前屋后现有沟渠，提供材料及技术指导，对修复较好的家庭进行奖励。新建设的沟渠应注意与原有沟渠的衔接，避免对原有沟渠造成破坏。

组织村民各小组根据灌溉需求用传统材质维护或新建水圳，特别是原有水圳的修缮应避免使用混凝土模块；采用分片负责制，对维护和建设较好的小组实施奖励；结合水圳保护完善防洪设施，形成水库、水圳两级防洪体系。

对于水塘的保护，存在的主要问题有：池塘淤积，富营养化严重，杂草丛生；村内沟渠网络的破坏，导致有些池塘缺乏源头，逐渐干涸消失，有些池塘水满为患；池塘弃置严重，成为周边村民倾倒垃圾、排放生活污水的场所（图4-3-10）。

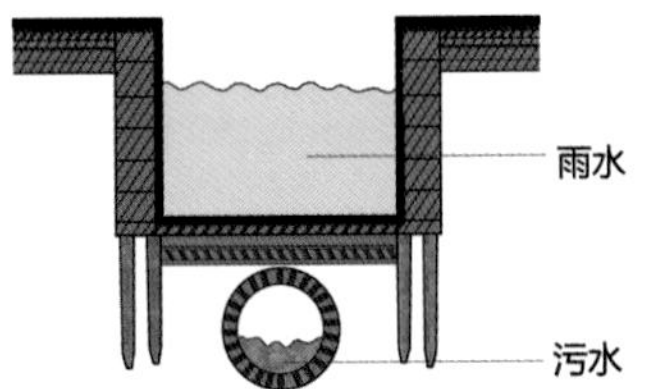

图4-3-9　**排水沟渠雨污分流断面改造**
（图片来源：作者自绘）

图4-3-10　**古村水塘污染、堵塞**
（图片来源：作者摄）

规划实施与管理引导（水系保护） 表4-3-1

实施内容	实施主体/管理主体	奖惩机制	实施分期
恢复水圳	村委会/县相关管理部门	持续投入资金，并建立专门的修缮整治小组	远期
对自家门口的水圳水渠进行疏通治理，确保通畅；长期维护监管	村民/村委会	①对恢复新建的水圳，提供砖、石等材料，对实施效果好、保证长期疏通整治的家庭提供一次性25元/米进行补贴；②对整治修缮现有保护水圳的，提供砖、石等材料，对修缮效果好、保证长期维护的家庭提供一次性25元/米进行补贴。③每年维护清理良好的家庭提供100～300元/年奖励	近期/远期
集中清理水塘淤泥垃圾，严禁垃圾倾倒，长期维护监管	村委会/县相关管理部门	①鼓励村民承包池塘养殖，对养殖村民免除3年租金，并给予每年300～500元补贴。②对未承包的池塘，采取分组分片负责制，清理池塘淤泥垃圾，并用传统砖或石材加固池塘堤岸，支付相应劳动报酬。③聘请固定村民定期清理未承包池塘周边及水面，确保池塘清洁	近期

由此提出水塘的保护与整治措施：保护古村水塘，作为古村格局环境与特色功能的体现，应及时清理污泥垃圾，保持水体清洁，丰富水塘周边绿化植被，生活污水禁止直接排入池塘。在与溪流衔接的沟渠入口处设置水闸，调节水塘水量；恢复部分已消失的重要水塘，如华英书院背后的水塘，恢复原有村庄水系统格局；合理利用池塘，可恢复鱼类养殖。水系规划实施与管理引导见表4–3–1。

4.3.2.5 历史街巷保护

历史街巷的识别依据如下几方面的历史信息要素判断。

铺地材质：鹅卵石铺地形式是湖洲村内的历史街巷的一大特色，部分街巷虽然两侧建筑已经被改建，但是其铺地形式仍然保留了传统的鹅卵石铺地形式，可以作为判断街巷形成年代的重要参考信息。

周边建筑年代：可以根据街巷两侧建筑年代的构成来判断该街巷的形成年代从而判断其是否列入历史街巷进行保护。

其他历史景观要素：可以根据村内遗存的其他历史景观要素如古树名木、古巷道门、门楼、经魁石、古桥、古井、古水系等历史要素判断出历史街巷的走向。

对于历史街巷的保护要求与措施包括如下几方面（图4–3–11、表4–3–2）：

首先要保护历史街巷的走向，禁止截弯取直、拓宽等破坏原有线形走向的行为。

保护历史街巷的风貌特色，重点保护街巷宽度、两侧建筑的高度和立面形式。历史街巷的保护不仅要保护传统建筑、街巷的空间布局及历史格局，保留它们赖以存在的文化内涵，还应保护历史街巷内的古井、排水体系、古树、院落等各个构成环境因素的整体历史风貌。

沿历史街巷不允许再建造新房。对已经存在的新房，必须在专家的指导下区别不同情况进行外观改造、拆除或搬迁，使其与周围古建筑、古巷相协调。

历史街巷是古村的重要组成部分，也是村民生活空间与环境的一部分，应予充分合理利用，体现历史文脉和时代生活的延续；但在完善或改造各项基础设施与配套设施时，必须以不影响和不破坏其历史风貌环境为前提。

历史街巷禁止机动车穿行。巷道地面应恢复传统的卵石或石板地面。

保护街巷的铺地形式，历史街巷应当保留和修缮原有的铺地形式，重要的对外展示的街巷地面应适当恢复传统的卵石或石板地面。新建的街巷应当注意与传统街巷铺地的材质、形式相协调。历史街巷规划实施与管理引导见表4–3–2。

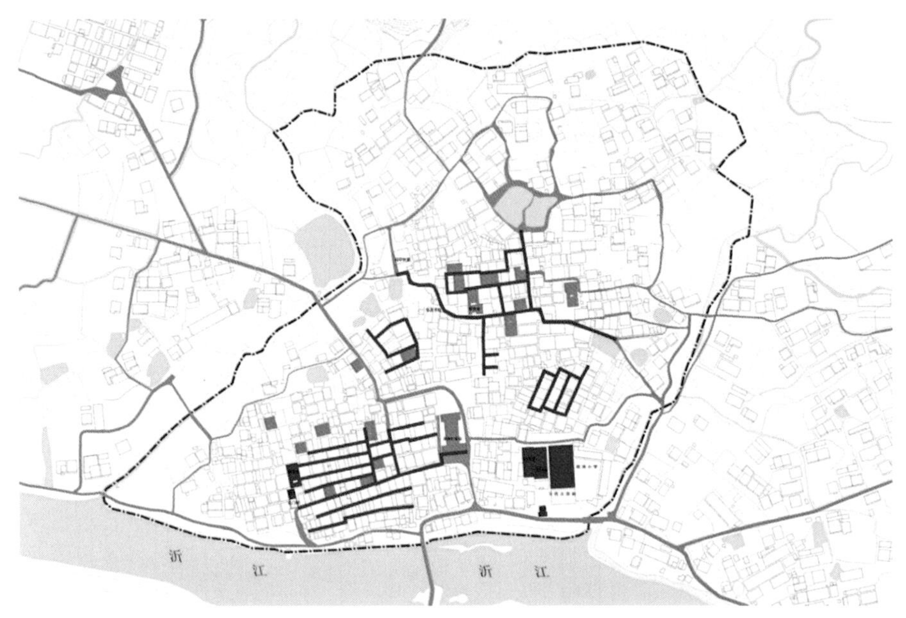

图4–3–11 **古村历史街巷分布**
（图片来源：作者自绘）

规划实施与管理引导（历史街巷保护） **表4-3-2**

实施内容	实施主体/管理主体	奖惩机制	实施分期
恢复历史街巷原有的铺地形式	村委会/县相关管理部门	持续投入资金，近期先恢复核心地段	近期/远期
整治历史街巷两侧建筑立面，使之与周围的风貌相协调	村委会/县相关管理部门	一次性投入整治，并对违规建设予以罚款	近期/远期
建立历史街巷所属村民管理机制，加强日常的保护	村民/村委会	对长期保护维护历史街巷风貌与卫生环境的街巷所在村户进行定期奖励	远期

4.3.2.6 高度控制

建筑高度划分为5个片区控制。

1. 文保单位与历史建筑高度控制应严格按照《文物保护法》、《历史文化名城名镇名村保护条例》、《江西省传统村落保护条例》的要求进行保护控制，对文物保护单位核心范围和建设控制地带以及历史建筑紫线范围的高度控制应更为重视，按照文保单位与历史建筑原高度进行控制。

2. 核心保护范围内的建筑按照原高度进行控制。建筑新建、改建、改善或整治后高度不得超过2层，建筑檐口高度控制在6.5米以内，建筑屋脊高度（或马头墙）控制在8米以内。现状高度超过上述规定的建筑应按规划分期进行降层或拆除处理，以达到规划要求。在近期高度降层或拆除存在难度的，应按照建筑风貌保护整治要求进行风貌协调处理，远期进行降层或拆除。

3. 古村建设控制地带内的建筑按照原高度进行控制。建筑新建、改建、改善或整治后高度不得超过3层，建筑檐口高度控制在9.5米以内，建筑屋脊高度（或马头墙）控制在11米以内。现状高度超过上述规定的建筑应按规划分期进行降层或拆除处理，以达到规划要求。在近期高度降层或拆除存在难度的，应按照建筑风貌保护整治要求进行风貌协调处理，远期进行降层或拆除。

4. 一类环境协调区建筑高度控制主要考虑视线景观影响和整体风貌协调进行控制。建筑新建、改建、改善或整治后高度不得超过4层，建筑檐口高度控制在12.5米以内，建筑屋脊高度（或马头墙）控制在14米以内。现状高度超过上述规定的建筑应按规划分期进行降层或拆除处理，以达到规划要求。在近期高度降层或拆除存在难度的，应按照建筑风貌保护整治要求进行风貌协调处理，远期进行降层或拆除。

5. 二类环境协调区内禁止开发建设，所以不需要进行高度控制。

建筑高度控制规划实施与管理引导见表4–3–3。

规划实施与管理引导（建筑高度控制） 表4-3-3

实施内容	实施主体/管理主体	奖惩机制	实施分期
村民自建建筑高度管理，建立村庄建筑审批许可制度	村民、村委会/县相关管理部门	按照规划分区控制要求进行建设审批，并发放建设许可	近期/远期
村民自建民房高度整治	村民/村委会	对因风貌整治和保护而拆除和降层处理的建筑，应做好补偿工作；在近期难以实施的，应寻求替代手段，促进风貌协调，在远期拆除	近期/远期
村民自建建筑高度的监督管理	村民/村委会	对符合规划要求的高度建设进行一定奖励；对违反高度要求的进行处罚，并予以公开	近期/远期

4.3.2.7 古树名木及历史环境保护

湖洲古村内有20棵古樟树，对其尽快建立档案予以保护；对其中保存完好尚未挂牌的抓紧列入古树名木名录。

根据古树名木的树种特性、树冠大小及生长状况，提出保护措施，划定树冠以外3～5米或树干以外8～15米为保护范围。严禁砍伐焚烧古树名木。

每棵古树名木必须设立保护铭牌，其上记录古树名木的基本信息和保护等级。

做好古树名木管理工作，加强病虫害防治；为防止古树名木的人为破坏，根据实际情况，可在古树名木周围加设护栏等防护设施。保护范围内地面应为自然地面或采用透气铺装，禁止修筑水泥或沥青混凝土地面。

禁止在古树名木上刻划、钉钉、缠绕绳索、攀缘折枝，或借用树干搭棚作架等有损古树名木生长的行为；禁止在树冠下堆放物料；禁止在树冠外缘5米以内新建任何建筑物。对危害古树名木生长的废水、废气、废渣，有关单位或个人必须按照环境保护规定和园林行政主管部门的要求，在限期内采取措施消除危害。

建设项目在规划、设计、施工中，必须严格保护古树名木，遇有可能使古树名木安全受到影响的情况，必须事先向园林或文物部门提出，共同商讨避让保护措施。

保护古村内构成历史格局风貌的历史要素，包括5处古门楼、4处古桥、1处古井、2处经魁石以及2处古渡头。古桥、古渡口不应拆除；古井不得填埋；经魁石不得拆除或移位；5处古门楼按照历史建筑要求保护。

4.4 建筑保护与修缮整治

4.4.1 古村建筑现状情况

4.4.1.1 建筑年代

清代及以前的建筑主要为祠堂、庙宇和传统民居建筑，分布相对集中，呈现三个集中的组团，建筑基底面积占全部建筑基底面积的9.4%；其周边多为民国时期的传统民居，占14.3%，这两类建筑多为木结构或砖木结构，多年久失修，建筑质量较差，急待维修。新中国成立至20世纪70年代和80年代以后的现代建筑所占比例最高，分别为38.1%和38.2%。新中国成立初期至20世纪70年代建筑多为民居和附属建筑，凸显赣中本

图4-4-1　**建筑年代统计图**
（图片来源：作者自绘）

地建筑特色和材质的建设形式，多为土坯结构和砖结构。80年代以后建筑穿插在古村中。随着村民对现代生活要求的提升，新建民宅在高度、体量和风格上越发多样，与古村传统环境难以协调；古村北部基本为80年代以后的建筑，也是村庄发展最晚的一片区域（图4-4-1、表4-4-1）。

建筑年代评估数据统计表　　表4-4-1

年代＼数据	基底面积（m²）	比例（%）
清代及以前	6737	9.4
民国时期	10238	14.3
民国至20世纪70年代	27190	38.1
20世纪80年代以后	27222	38.2
合计	71387	100

4.4.1.2　建筑结构

根据现状调研，建筑结构划分为四种类型，即木结构、砖结构、土坯结构和钢筋混凝土结构，主要是依据建筑承重体系的材质所决定。木结构建筑比例最低，主要为传统历史建筑，大部分需修缮。土坯结构是湖洲本地因地取材的一个重要结构形式，主要以夯土土坯墙承重，外表质朴，风貌传统具有特色，但长期的雨水冲刷易导致其老化侵蚀，结构受损。砖结构包括一部分历史建筑和现代的民居，也是利用吉安地区常见的清水砖作为主要承重结构，在风貌上

图4-4-2　**建筑结构统计图**
（图片来源：作者自绘）

较协调，所占比例最高，为56.8%。砖混结构比例为17.2%，主要为现代新建住宅建筑（图4-4-2、表4-4-2）。

建筑结构评估数据统计表　　**表4-4-2**

数据 结构	基底面积（m²）	比例（%）
木结构	2058	2.9
土坯结构	16495	23.1
砖结构	40548	56.8
混凝土结构	12270	17.2
合计	71387	100

4.4.1.3　建筑质量

根据现状调研，建筑质量划分为四种类型，即质量好、质量一般、质量差和危房，建筑质量以建筑主体结构、房屋外观为主要评估标准。质量好的建筑多为近几年新建建筑和公共建筑，部分早期建筑如果保持和维护状态好的也列为质量好的建筑，比例占20.8%。质量一般的建筑比例占62.3%，此类建筑主体结构稳固，但内部环境和外墙等要素有局部破损，整体情况较好，多为新中国成立初期至20世纪70年代的民居建筑。质量差的建筑多为传统民居和祠堂建筑，年久失修，结构破损，并且建筑外部环境衰败，应进行及时的修缮和加固，比例占12.7%。建筑主体结构大部分严重损毁、外墙倒塌、建

图4-4-3 **建筑质量分析图**
（图片来源：作者自绘）

筑曾失火或者建筑本体极度衰败的建筑列为危房，此类建筑包括了部分现仅存部分构架或立面的历史建筑，如华英书院，和无人居住的民宅，以及因种种原因倾覆的老宅院，此类建筑应根据规划要求及时采取拆除或抢救性修复措施（图4-4-3、表4-4-3）。

建筑质量评估数据统计表 表4-4-3

数据 质量	建筑基底面积（m²）	比例（%）
质量好	14824	20.8
质量一般	44486	62.3
质量差	9098	12.7
危房	2979	4.2
合计	71387	100

4.4.1.4 建筑高度

湖洲古村内建筑高度绝大多数是1层，多为传统民居建筑，占75.1%。最高的建筑为近几年新建的民居为5层。部分民居建筑或公共建筑为2层，主要分布在古村北部。20世纪80年代以后新建村民自建住宅一般在三、四层的高度，但个别建筑层高较高，导致整体高度十分突兀，对古村整体风貌产生了不利影响（图4-4-4、表4-4-4）。

图4–4–4　**建筑高度现状分析图**
（图片来源：作者自绘）

建筑高度评估数据统计表　　　　表4-4-4

数据 高度（层数）	建筑基底面积（m²）	比例（%）
1层	53594	75.1
2层	8616	12.1
3层	8210	11.5
4层	676	0.9
5层	291	0.4
合计	71387	100

4.4.1.5　建筑功能

湖洲古村建筑功能以村民住宅为主，村宅旁一般配有附属用房，如仓库、猪舍、牛舍等。公共建筑主要包括村委办公处、村诊所、商店、祠堂和宗教建筑如庙宇等，均为零星单体建筑，占地规模不大。湖洲小学位于刁氏大宗祠东侧，建筑规模体量相对较小。烤烟房是古村内一类具有特色的生产型建筑物，为土坯结构，多为一层半或两层，造型质朴，具有保留再利用价值（图4–4–5、图4–4–6）。

4.4.1.6　建筑风貌

古村内除各级文物保护单位和历史建筑外，建筑风貌分为传统风貌建筑、现代协调建筑和现代不协调建筑。其中历史建筑共有16处。

传统风貌建筑：能够代表湖洲村地域特色、风貌保存比较好的建筑评估为传统风貌建筑，建筑面积占调查评估建筑总面积的60.5%；

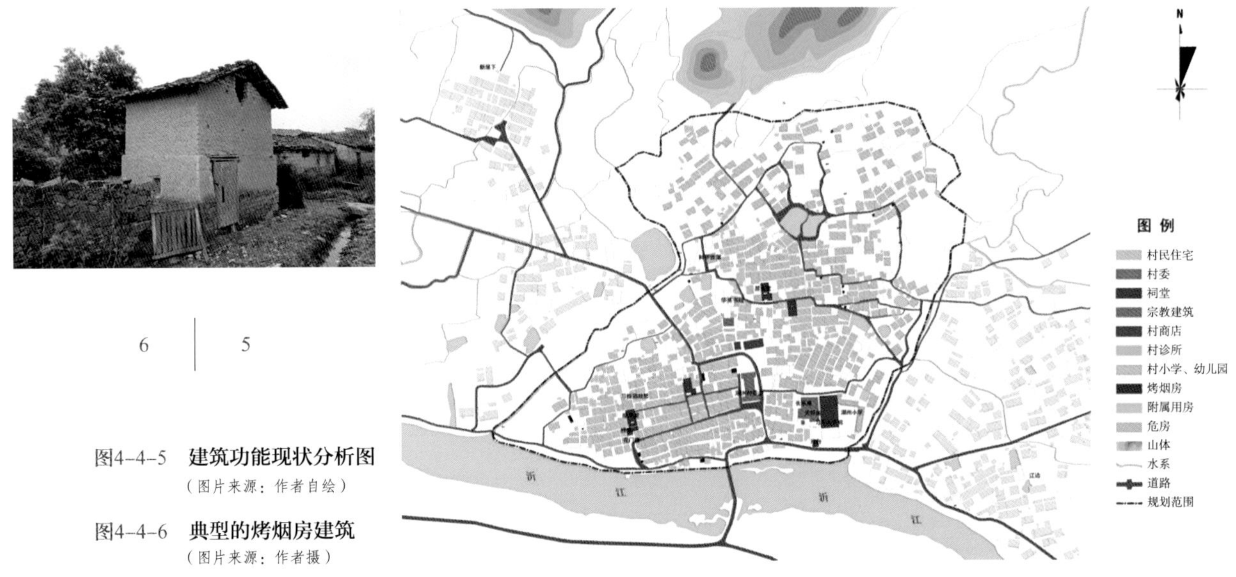

6 | 5

图4-4-5 **建筑功能现状分析图**
（图片来源：作者自绘）

图4-4-6 **典型的烤烟房建筑**
（图片来源：作者摄）

现代协调建筑：与传统风貌建筑在形式、体量、色彩、材料等方面协调的新建筑评估为现代协调建筑；

现代不协调建筑：在形式、体量、色彩、材料等方面与村内传统风貌建筑和整体环境不协调的新建筑评估为现代不协调建筑。占调查评估建筑总面积的18.6%（图4-4-7、表4-4-5）。

图4-4-7 **建筑风貌现状评价图**
（图片来源：作者自绘）

建筑风貌评估数据统计表　　　　表4-4-5

风貌＼数据	建筑基底面积（m²）	比例（%）
各级文物保护单位	2209	3.1
历史建筑	2882	4.0
传统风貌建筑	43168	60.5
协调现代建筑	6905	9.7
不协调现代建筑	13244	18.6
危房	2979	4.2
合计	71387	100

4.4.2　建筑分类保护整治基本要求

以建筑风貌现状评估为基础，结合了建筑保护等级和保护价值、建筑质量、建筑年代、建筑高度等现状要素，同时，考虑了建筑保护与整治时序、旅游发展、村庄环境整治等管理要素，对规划范围内所有建筑提出分类保护和整治措施（图4-4-8）。

对建筑采取分类保护和整治措施主要包括：保护、修缮、改善更新、保留、整治改造、拆除和恢复。

对于各级文物保护单位和登记不可移动文物，应依据《中华人民共和国文物保护法》的要求进行保护。

对于历史建筑，应按照《历史文化名城名镇名村保护条例》中关于历史建筑的保护要求进行保护和修缮。

图4-4-8　建筑分类保护整治规划图
（图片来源：作者自绘）

对传统风貌建筑，应保持和延续建筑外观形式、风格及色彩，保护具有历史文化价值的细部构件、装饰物等，其内部允许进行改善更新，以改善居住和使用条件。

对与传统风貌相协调且建筑质量较好的其他建筑，可以保留。

确定为保护、修缮的建筑，不得随意拆改。涉及各级文物保护单位和登记不可移动文物的修缮或改善工程，应根据其保护级别，履行《中华人民共和国文物保护法》、《历史文化名城名镇名村保护条例》等相关法规规定的工程方案审批程序，经主管部门批准后方可实施。其他建筑管理应履行《历史文化名城名镇名村保护条例》。

4.4.3 保护整治及展示利用措施一：文物保护单位的保护

采取保护方式的建筑为规划范围内的各级文物保护单位和登记不可移动文物，包括两处待批省级文物保护单位刁氏大宗祠和文名世第宅（含继美堂、门楼），以及包括刁振翎故居等6处县级文物保护单位。为了提高保护工作的针对性和指导性，湖洲村保护过程中同步完成了部分文物的测绘工作，文物建筑保护在测绘图基础上进行。

对以上文物建筑保护中所涉及的所有评估、维修和展示利用等方面，都应严格依据《中华人民共和国文物保护法》及相关法律法规的要求进行。确保文物的安全以及历史风貌的完整。县政府按照文物法完成各级文物保护单位的保护规划，对文物保护单位制作标志说明。

刁氏大宗祠由于年久失修，建筑本体破坏严重，后因改为学堂，平面布局出现了改动。应对宗祠进行全面维修和局部复原，并在完成测绘的基础上进行。维修项目包括墙体、墙面、屋面、地面、天花板、门窗、天井、雕刻等。复原项目包括原有平面布局和门窗等。未来仍保持原有的宗祠功能，举行家族仪式。同时在不影响文物建筑本体的基础上，向游客开放参观，做适当的图片和文字展览，介绍刁氏的家族变迁等。

文名世第宅由于年代久远已出现多处破损，应对建筑本体进行测绘，并进行维修，恢复原貌（图4–4–9）。在不影响文物建筑本体的基础上，摆放一些老家具和其他装饰，向游客开放参观，尽可能还原花门楼[1]兴盛时期的格局和摆设，也可做适当的图片和文字展览，介绍花门楼几经修复、重建直至今日的历史演变过程。

对戏台进行全面维修，恢复原有形制。未来把戏台和湖洲村的优秀传统文化相结合，举办各种文化演出，如湖洲民歌、民间舞蹈、地方曲艺等，丰富村民的业余文化生活，也增加旅游项目。

长乐庵和天府庙的建筑本体出现不同程度的局部破损，应进行及时维修（图4–4–10）。天府庙南侧围栏应当拆除，恢复屋前的开阔空间，展示建筑立面。未来长乐庵和天府庙仍保持现有的寺庙功能，可以结合村里的传统宗教节庆举办仪式和活动。

由于现有文物保护单位的建筑本体年久失修，普遍存在质量问题，同时它们又是湖洲

[1] “花门楼”为“文名世第宅”一处具有特色的建筑立面，亦代指“文名世第宅”本身。

实
测
图

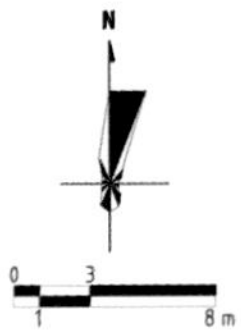

位置图

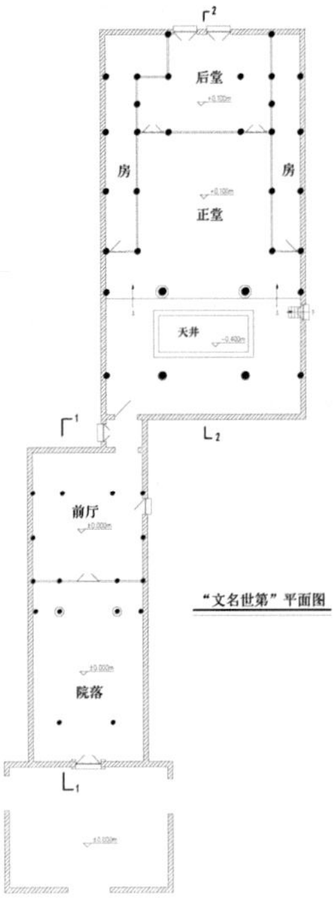

"文名世第"平面图

后堂
房
正堂
天井
前厅
院落

"文名世第"南立面图

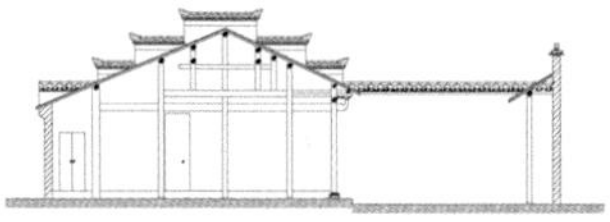

"文名世第"1-1剖面图

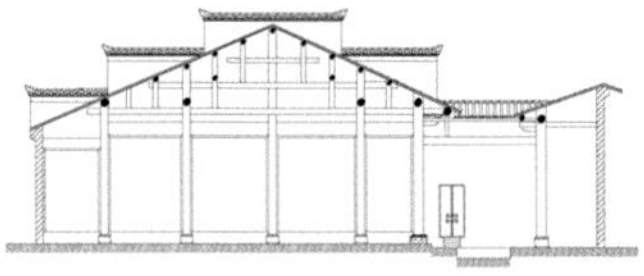

"文名世第"2-2剖面图

编号	A1
名称	"文名世第"
地址(门牌号)	/
建筑类型	宅地民居
保护级别	省级文保单位(待批)
修建年代	明 代
户主	村组集体所有
产权所属	村组集体所有
层数	一 层
占地面积(m²)	434
建筑面积(m²)	369
结构	抬梁穿斗混合式
行制布局	三进一天井
价值及特征	建筑分三进,有一个大天井; 规模相当宏伟; 室内构架保存完好,柱础形式多样; 具有较高的历史研究及艺术价值。
现状	建筑风貌保存完好, 主构架保存完好, 门罩局部损坏, 屋顶瓦片保存较好, 内部隔墙局部水泥抹面, 局部木隔墙损坏, 局部门有改建, 部分柱础潮湿。
保护修复措施	修复已损的门罩, 去除水泥抹面, 用原材料修复使其恢复原貌, 用原材料修复已损的木隔墙, 对内部结构做防腐防潮处理。

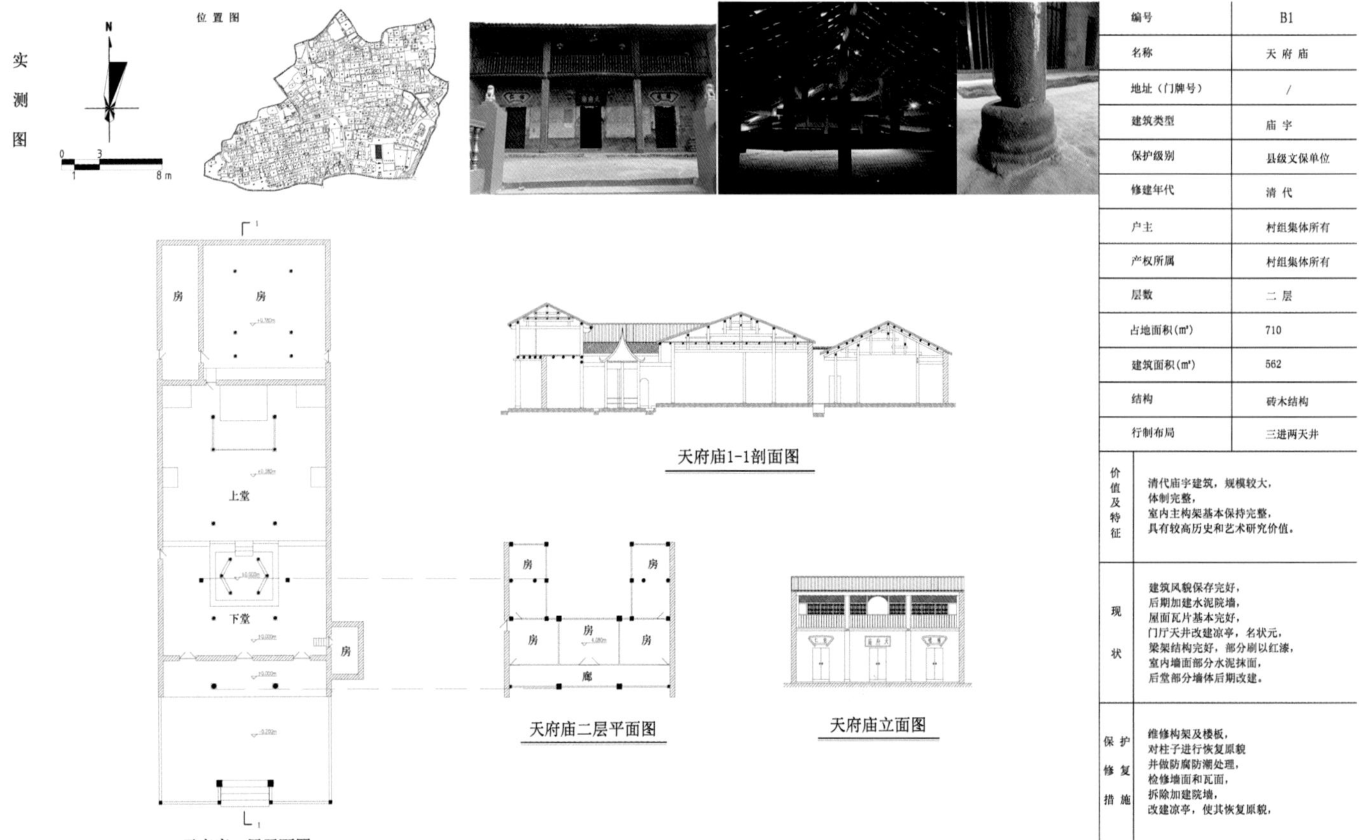

天府庙1-1剖面图

天府庙二层平面图

天府庙立面图

天府庙一层平面图

编号	B1
名称	天 府 庙
地址(门牌号)	/
建筑类型	庙 宇
保护级别	县级文保单位
修建年代	清 代
户主	村组集体所有
产权所属	村组集体所有
层数	二 层
占地面积(m²)	710
建筑面积(m²)	562
结构	砖木结构
行制布局	三进两天井
价值及特征	清代庙宇建筑,规模较大, 体制完整, 室内主构架基本保持完整, 具有较高历史和艺术研究价值。
现状	建筑风貌保存完好, 后期加建水泥院墙, 屋面瓦片基本完好, 门厅天井改建凉亭,名状元, 梁架结构完好,部分刷以红漆, 室内墙面部分水泥抹面, 后堂部分墙体后期改建。
保护修复措施	维修构架及楼板, 对柱子进行恢复原貌 并做防腐防潮处理, 检修墙面和瓦面, 拆除加建院墙, 改建凉亭,使其恢复原貌,

9	
10	11

村历史文化价值和特色的突出体现，是文物保护和展示利用内容的重中之重，所以保护措施应在近期实施。

4.4.4 保护整治及展示利用措施二：历史建筑的保护和修缮

历史建筑共16处。其中，对三栋典型历史建筑[1]首先进行测绘，在测绘工作基础上开展了修缮工作（图4-4-11～图4-4-13）。

对历史建筑应在保护的原则下进行修缮和展示利用，并应严格按照《历史文化名城名镇名村保护条例》中关于历史建筑的相关规定进行。

对16处历史建筑进行维护和修缮，其中出现严重损毁且所有权人不具备维护和修缮能力的，村政府和峡江县政府应当采取措施进行修缮。任何单位或者个人不得损坏或拆除历史建筑。可以对建筑内部的设施进行改善，如需对外部进行修缮装饰、添加设施或改变建筑结构或使用性质时，需要科学论证和县有关部门批准。新的建设工程选址，应当尽可能避开历史建筑。

对历史建筑公布挂牌，建立历史建筑档案，并对历史建筑设置保护标志。

[1] 三栋典型历史建筑为：民兵俱乐部、“刁胜生”民宅、伟公祠。

图4-4-9 **“文名世第”宅（省级文保单位）建筑测绘图**
（图片来源：作者自绘）

图4-4-10 **天府庙（县级文保单位）建筑测绘图**
（图片来源：作者自绘）

图4-4-11 **民兵俱乐部（历史建筑）建筑测绘图**
（图片来源：作者自绘）

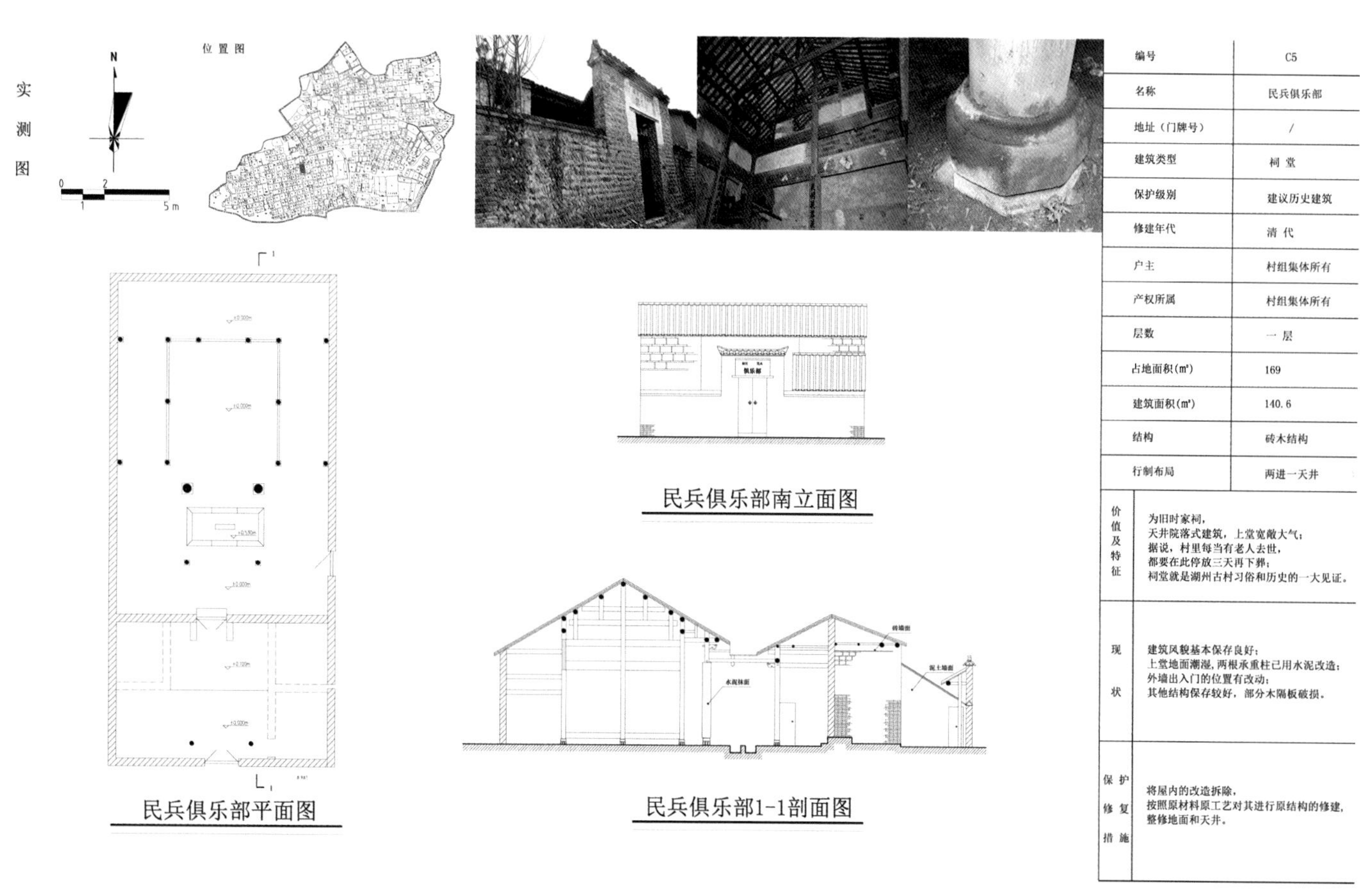

编号	C5
名称	民兵俱乐部
地址（门牌号）	/
建筑类型	祠堂
保护级别	建议历史建筑
修建年代	清代
户主	村组集体所有
产权所属	村组集体所有
层数	一层
占地面积(m²)	169
建筑面积(m²)	140.6
结构	砖木结构
行制布局	两进一天井
价值及特征	为旧时家祠， 天井院落式建筑，上堂宽敞大气； 据说，村里每当有老人去世， 都要在此停放三天再下葬； 祠堂就是湖州古村习俗和历史的一大见证。
现状	建筑风貌基本保存良好； 上堂地面潮湿，两根承重柱已用水泥改造； 外墙出入门的位置有改动； 其他结构保存较好，部分木隔板破损。
保护修复措施	将屋内的改造拆除， 按照原材料原工艺对其进行原结构的修建， 整修地面和天井。

实测图

位置图

编号	C8
名称	“习胜生”民宅
地址（门牌号）	湖洲村54号
建筑类型	宅地民居
保护级别	建议历史建筑
修建年代	清代
户主	习胜生
产权所属	习胜生
层数	一层
占地面积(㎡)	94
建筑面积(㎡)	94
结构	砖木结构
行制布局	天门式民居
价值及特征	院落式民宅， 沿中轴线布置房间， 室内梁柱结构保存良好， 有艺术价值
现状	建筑风貌保存良好， 主构架良好， 部分窗门雕花保存较为完整， 木隔板残损严重， 建筑前院围墙墙砖残次不齐， 屋内杂物堆积， 地面受潮。
保护修复措施	检修屋面及构架， 整理室内杂物， 疏通排水， 修整院墙， 保持其与周边环境的真实性。

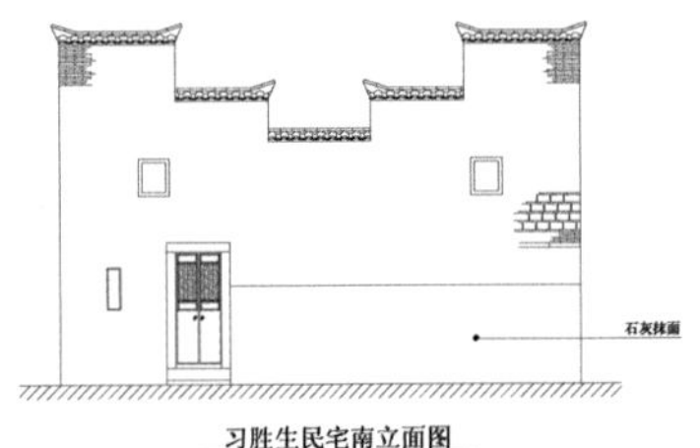

习胜生民宅南立面图

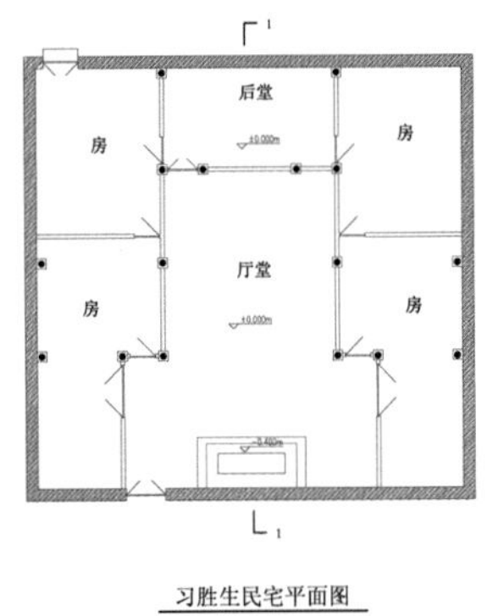

习胜生民宅平面图

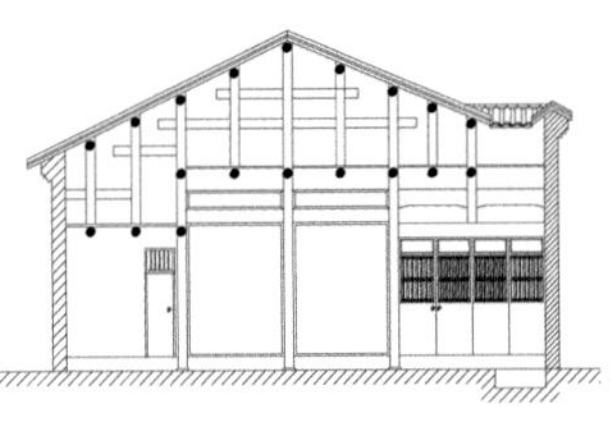

习胜生民宅1-1剖面图

实测图

位置图

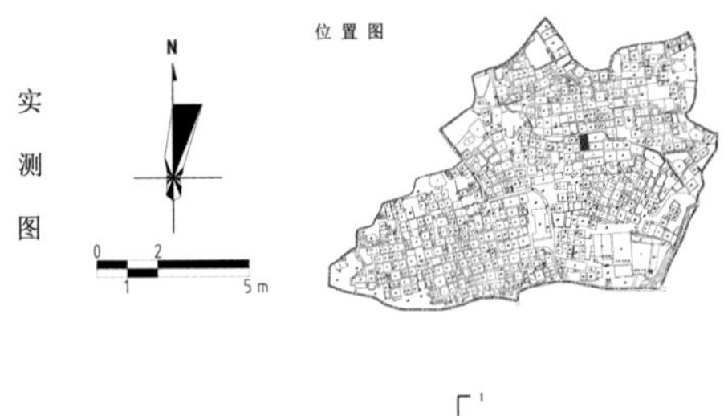

编号	C11
名称	伟公祠
地址（门牌号）	/
建筑类型	宗祠
保护级别	建议历史建筑
修建年代	清代
户主	村组集体所有
产权所属	村组集体所有
层数	一层
占地面积(㎡)	266
建筑面积(㎡)	252
结构	砖木结构
行制布局	两进一天井
价值及特征	宗祠建筑， 外观为典型的传统建筑形式， 布局规整对称， 体制相对较小， 具有一定历史价值。
现状	建筑风貌基本保存完好， 室内主构架基本完好， 外墙面部分水泥抹面， 后面部分为后期改建， 祠堂已失去原有功能， 现在用于为村民存放寿材。
保护修复措施	检修构架及屋面， 疏通排水， 对柱子进行防腐防潮处理， 恢复外墙原貌， 保持其与周边环境的真实性。

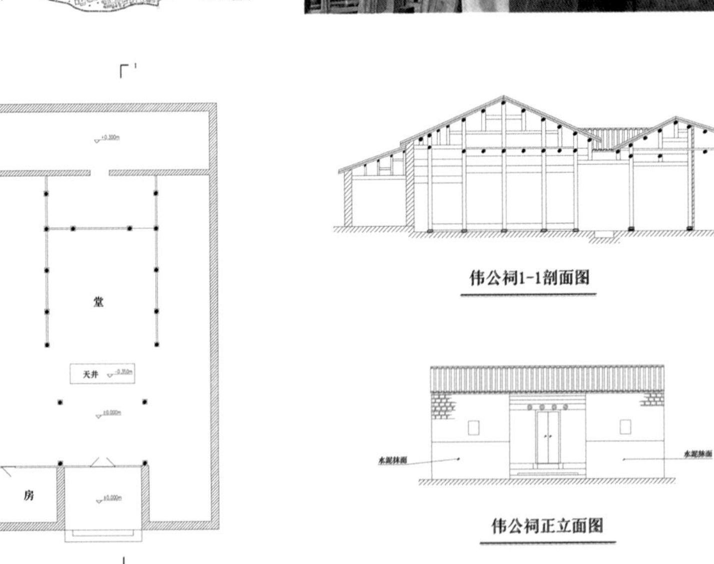

伟公祠1-1剖面图

伟公祠正立面图

伟公祠平面图

12	
13	14

❶ 三栋传统风貌建筑指："习武平"民宅、"习六生"民宅、"习正根"民宅。

图4-4-12 **"习胜生"民宅（历史建筑）建筑测绘图**
（图片来源：作者自绘）

图4-4-13 **伟公祠（历史建筑）建筑测绘图**
（图片来源：作者自绘）

图4-4-14 **"习武平"民宅建筑测绘图**
（图片来源：作者自绘）

结合村庄旅游的发展，可以根据历史建筑所有权人的意愿经营商铺或饭馆，也可作为传统手工艺制品作坊等。

以习振翎故居为代表的历史建筑，是湖洲村传统风貌建筑最典型的代表，是保护修缮和展示的重要内容，保护措施应在近期实施。

4.4.5 保护整治及展示利用措施三：传统风貌建筑改善更新

传统风貌建筑是规划范围内具有一定传统风貌、质量好或一般，且不严重影响湖洲村未来旅游发展和村庄整体景观环境的建筑。其中，对三栋典型传统风貌建筑❶建筑首先进行测绘，在测绘工作基础上进行整治（图4-4-14～图4-4-16）。

对此类建筑应保持和延续建筑外观形式、风格及色彩，修缮外观风貌受到破坏和影响的部分，保护具有历史文化价值的细部构件或装饰物，其内部允许进行改善和更新，以改善居住和使用条件，使其适应现代生活方式。

此类建筑的展示和利用，与历史建筑的方式相同。

对核心保护范围内需要改善更新的建筑，以更靠近文物保护单位和历史街

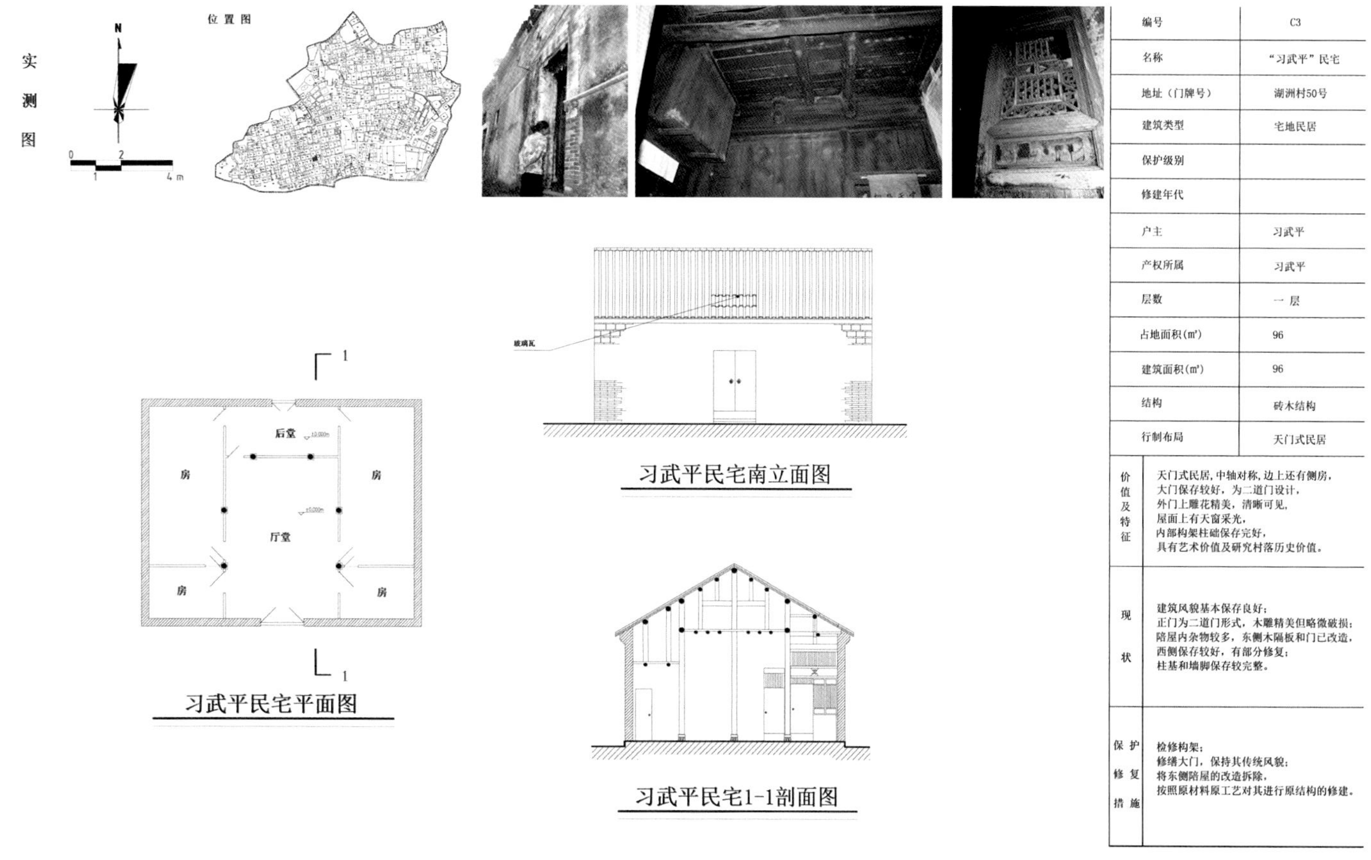

编号	C3
名称	"习武平"民宅
地址（门牌号）	湖洲村50号
建筑类型	宅地民居
保护级别	
修建年代	
户主	习武平
产权所属	习武平
层数	一 层
占地面积(m²)	96
建筑面积(m²)	96
结构	砖木结构
行制布局	天门式民居
价值及特征	天门式民居，中轴对称，边上还有侧房， 大门保存较好，为二道门设计， 外门上雕花精美，清晰可见， 屋面上有天窗采光， 内部构架柱础保存完好， 具有艺术价值及研究村落历史价值。
现状	建筑风貌基本保存良好； 正门为二道门形式，木雕精美但略微破损； 陪屋内杂物较多，东侧木隔板和门已改造， 西侧保存较好，有部分修复； 柱基和墙脚保存较完整。
保护修复措施	检修构架； 修缮大门，保持其传统风貌； 将东侧陪屋的改造拆除， 按照原材料原工艺对其进行原结构的修建。

实测图

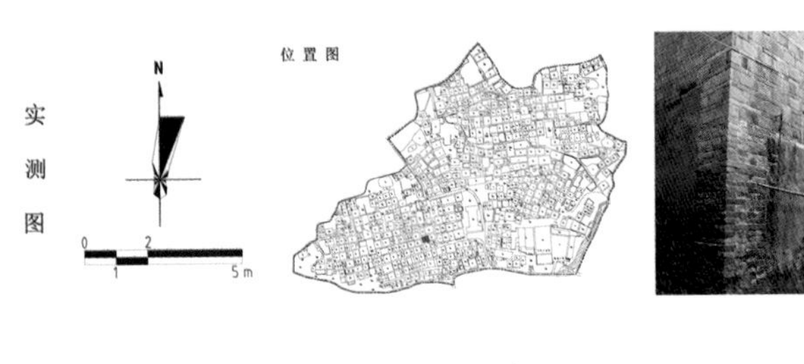

编号	C4
名称	"习六生"民宅
地址（门牌号）	湖洲村62号
建筑类型	宅地民居
保护级别	建议历史建筑
修建年代	清代
户主	习六生
产权所属	习六生
层数	一层
占地面积(m²)	109
建筑面积(m²)	109
结构	砖木构架
行制布局	天门式民居
价值及特征	体制紧凑，占地较小， 室内主构架保存基本完好， 具有一定历史价值。
现状	建筑风貌基本完好， 室内梁柱构架基本完好， 楼板时间长要检修， 隔板破损严重， 部分墙体受损， 室内杂物杂乱。
保护修复措施	对木构架及地面做防潮处理， 疏通排水， 整理室内杂物， 整修外墙面， 保持其与周边环境的真实性。

习六生民宅西立面图

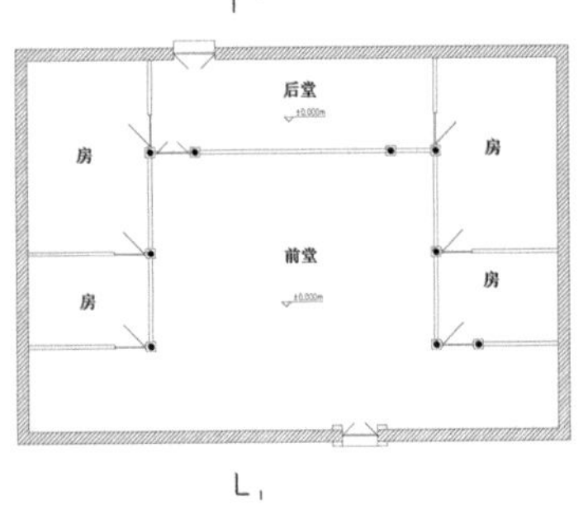

习六生民宅平面图

习六生民宅1-1剖面图

实测图

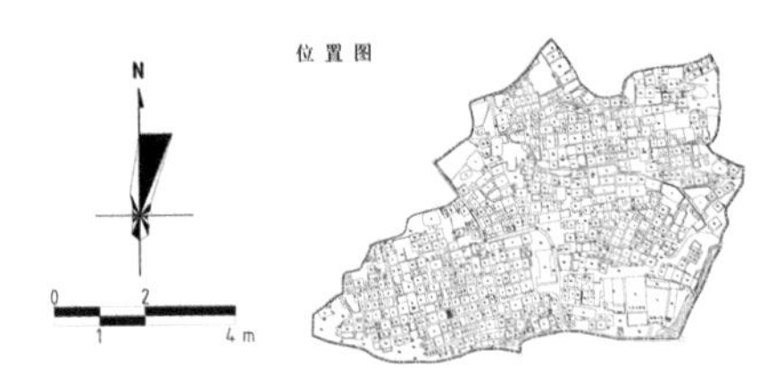

编号	C7
名称	"习正根"民宅
地址（门牌号）	湖洲村53号
建筑类型	宅地民居
保护级别	
修建年代	
户主	习正根
产权所属	习正根
层数	一层
占地面积(m²)	46
建筑面积(m²)	46
结构	砖木结构
行制布局	天门式民居
价值及特征	体制紧凑，占地较小， 室内主构架保存基本完好， 具有一定历史价值。
现状	建筑风貌基本完好， 室内梁柱构架基本完好， 部分墙体受损， 室内杂物杂乱。
保护修复措施	对木构架及地面做防潮处理， 疏通排水， 整理室内杂物， 整修外墙面， 保持其与周边环境的真实性。

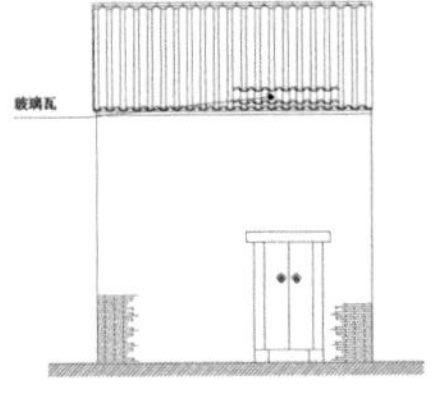

习正根民宅南立面图

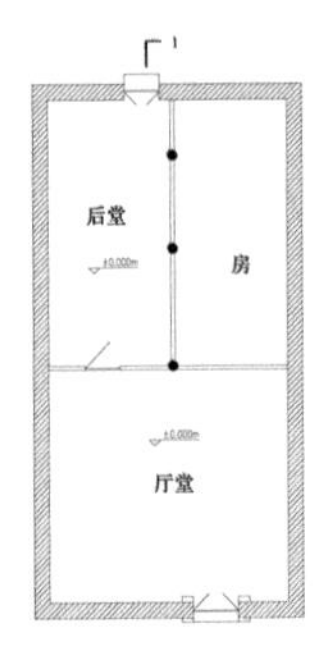

习正根民宅平面图

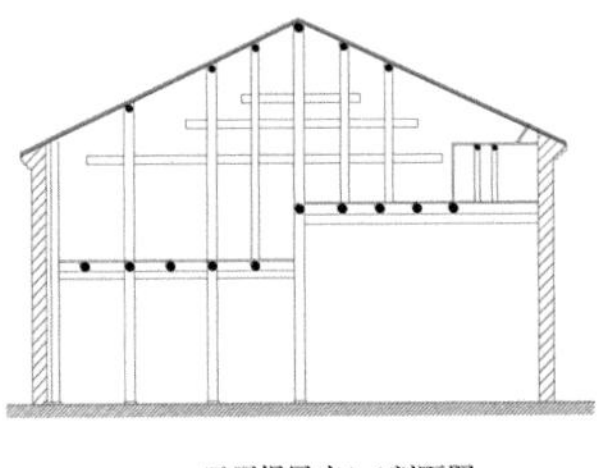

习正根民宅1-1剖面图

15
16

图4-4-15 “习六生”民宅建筑测绘图
（图片来源：作者自绘）

图4-4-16 “习正根”民宅建筑测绘图
（图片来源：作者自绘）

巷为优先的原则，在近期逐批改善和更新。对建设控制地带范围内的改善更新建筑，沿江建筑近期实施，规划范围北侧靠近北面山体的建筑中期实施改善。

4.4.6 保护整治及展示利用措施四：现代协调建筑保留

现代协调建筑是规划范围内质量好或一般、建筑年代基本为1980年以后，且不影响湖洲村未来旅游发展和村庄整体景观环境的建筑。

对此类建筑应保留其现状，保持风貌与传统建筑基本协调，不影响村民的正常使用。如局部与传统风貌建筑差异较大，应本着与传统风貌协调的原则进行整治。

以与传统建筑风貌协调的原则，可以对此类建筑进行外部和内部的修缮和装饰。在展示和利用方面，可以根据旅游发展的需要，改变原有使用功能或增加所需设施等。

根据旅游发展的需要和建筑所有权人的实际需要安排实施计划。长乐庵南侧的建筑可以作为湖洲村的旅游信息中心，在近期实施外部维修和内部装饰改造，以适应产业发展的转变。

4.4.7 保护整治及展示利用措施五：现代不协调建筑整治改造

采取整治改造方式的建筑为规划范围内与传统风貌不协调，或质量差，或在建筑高度方面对传统风貌建筑存在一定影响，或对村庄整体景观环境存在一定影响的现代建筑。

对整治改造的建筑可采用立面整治维修、使用功能置换、细部修饰和周边环境整治等方法，使其符合历史风貌的要求；对体量过大、建筑高度影响严重的可以采用降低层数的措施。

为了尽快美化滨江景观，恢复传统建筑集中成片区域的原有风貌，核心保护范围内和滨江沿岸的风貌不协调建筑，应在近期对建筑外立面和细部修饰方面做整治改造，建筑高度对传统建筑产生严重影响的应尽快降层。此类的其他建筑可以先整治立面和周边环境，可以在中远期对体量过大和建筑高度过高的采用降低层数的措施。

4.4.8 保护整治措施六：建筑恢复

科甲世第和华英书院是两处遗存，现状两处建筑结构已严重损毁，但部分构架和细节构建尚保留，并且具有较高历史价值，现状定性为危房，建议在原有遗存的基础上进行恢复修建。

恢复应严格遵照历史依据，采取严谨的恢复建设手段，进行相关的专项恢复设计方案，恢复后可进行展示利用。

4.4.9 保护整治措施七：危房拆除

采取拆除方式的建筑为规划范围内与古村整体格局、传统风貌极不协调或在远期对古村整体发展产生严重影响的建筑或建筑本身质量很差的危房。

对拆除类建筑应采取审慎措施，并结合近远期改造采取弹性方案。

对滨江景观界面、古村入口门户以及重要历史节点空间格局产生严重影响的，建议在近期实施拆除。其他危房或与风貌不协调的建筑，可在远期逐步进行拆除，并进行好安置补偿。近期有困难无法拆除的，必须采取整体的风貌整治措施，使建筑与周边环境相协调，远期逐步被拆除。

4.4.10 建筑风貌引导

建筑风貌的引导主要针对整治改造类和需要恢复传统风貌的新建建筑类，此两类建筑风貌引导的要点是与传统建筑相协调，应遵循庐陵传统建筑的风格特色。对与传统风貌不协调或质量一般的建筑，应采取整治改造等措施，使其风貌协调。其中严重影响格局、风貌或质量差的建筑应拆除。

4.4.10.1 墙体

墙体整治后或恢复的材质、色彩应靠近青灰色，应避免使用鲜艳色彩或瓷砖贴面。

· 建筑外墙

材质：建议使用本地烧制的青砖或土坯；

做法：墙体砌筑方式分为眠砌墙、空斗墙两种，石灰抹缝，墙体上半部分尽量使用空斗式、下半部分使用眠砌式；

色彩：青灰色、土黄色。

· 墙窗

材质：木质、石质；

形制：建议使用方形或矩形，凹入墙体，装有石质或木质格窗。

· 围墙

材质：建议使用本地烧制的青砖、夯土或木质；

做法：使用本地青砖砌筑，或者夯土墙，注意通透性好，墙高不宜超过1.5米；

色彩：青灰色、土黄色、原木色。

4.4.10.2　马头墙

马头墙也可在现代平顶建筑上加以装饰，但应保持适宜尺度，不宜过大，材质采用本地材质。

形式：平行阶梯式跌落型，为三山式、五山式；

做法：直线型，跌落紧凑，墙顶多为三层砖，上覆青瓦，挑檐很小；

色彩：青砖灰瓦，墙体少抹灰。

4.4.10.3　屋顶

屋顶包括屋顶面、天眼两个部分。屋顶是第五立面，对于整体风貌而言十分重要，整治后应尽量全面平改坡，恢复第五立面风貌。

· 屋顶面

材质：建议使用本地烧制的小青瓦；

形制：传统坡屋顶、坡度平缓舒展，铺瓦简单，不做装饰；

色彩：青灰色，深灰色。

· 天眼

形式：民居建筑屋顶上对天开一个采光口，类似屋顶天窗；

构造：靠近屋檐，呈矩形，面积较小，建有接水槽和排水斗。

4.4.10.4　门

大门整治多做装饰性处理，在色彩、风格上协调。

· 门罩

位置：宅门上方、屋檐下方；

形制：类似屋面，坡度平缓、上覆青瓦，木构支撑。

· 门口台阶

形制：铺筑规整、不做装饰，二、三阶踏步；

材质：本地青砖、青石；

色彩：青灰色。

4.4.10.5　窗

窗户宜采取木材质，避免使用铝合金和塑钢材质窗，并在色彩上协调。

形式：方形，窗口小，有窗棂，可在玻璃窗上进行窗棂的装饰；

材质：建议使用本地原木、砖石，如采用其他材质应粉刷相同色调的漆、粉；

色彩：建议整体为原木色、青灰色。

4.4.10.6 雕刻装饰

雕刻装饰可以有效整治建筑风貌的细节，突出特色，应多利用本地传统构建，恢复构建在制作上也应保持传统的手法和风格。

· 檐雕

位置：屋檐、马头墙侧檐；

做法：墙体表面抹灰，在抹灰上绘制图案、雕刻；

色彩：灰白色、土黄色。

· 木雕

位置：室内梁架、天花板、门窗、围栏等处；

形制：原木雕刻、表面不做装饰，精巧细致。

· 石雕

位置：房屋基础、台阶；

形制：青石雕刻，雕刻方式分为阴刻、阳刻；

材质：青石、青砖。

建筑风貌规划实施及管理指引见图4–4–17及表4–4–6。

图4–4–17 **建筑风貌建设引导示意图**

（图片来源：作者自绘）

要素		规划引导措施	规划引导示意
墙体	围墙	1）材质：建议使用本地烧制的青砖、夯土 2）色彩：青灰色、土黄色 3）做法：使用本地青砖砌筑，或者夯土墙，注意通透性好，墙高不宜超过屋檐	
	建筑外墙	1）材质：建议使用本地烧制的青砖 2）色彩：青灰色、土黄色 3）做法：墙体砌筑方式分为眼砌墙、空斗墙两种，石灰抹缝，墙体上半部多空斗式，下半部用眠砌式	
	墙窗	1）材质：木质、石质 2）形制：建议使用方形或矩形，凹入墙体，装有石质或木质格窗	
马头墙		1）形式：平行阶梯式跌落型，为三山式、五山式 2）色彩：青砖灰瓦，墙体很少抹灰 3）做法：直线型、跌落紧凑，墙顶多为三层砖、上覆青瓦，挑檐很小	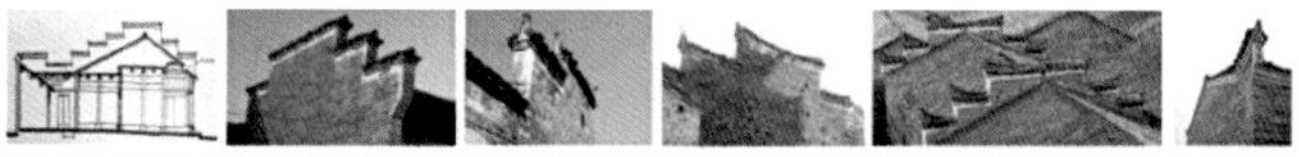
屋顶	屋面	1）材质：建议使用本地烧制的小青瓦 2）色彩：青灰色 3）形式：传统坡屋顶、坡度平缓舒展，铺瓦简单、不做装饰	
	天眼	1）形式：民居建筑屋顶上对天开一个采光口，类似屋顶天窗 2）构造：靠近屋檐，呈矩形、面积较小，建有接水槽和排水斗	
门	门罩	1）位置：宅门上方，屋檐下方 2）形制：类似屋面，坡度平缓、上覆青瓦，木构支撑	
	门口台阶	1）形制：铺筑规整、不做装饰，2~3阶踏步 2）材质：本地青砖、青石 3）色彩：青灰色	
窗		1）形式：方形，窗口小，有窗棂 2）色彩：建议整体为原木色、青灰色 3）材质：建议使用本地原木、砖石，如采用其他材质应粉刷相同色调的漆、粉	
雕刻装饰	檐雕	1）位置：屋檐、马头墙侧檐 2）做法：墙体表面抹灰，在抹灰上绘制图案、雕刻 3）色彩：灰白色、土黄色	
	木雕	1）位置：室内梁架、天花板、门窗、围栏等处 2）形制：原木雕刻、表面不做装饰、精巧细致	
	石雕	1）位置：房屋基础、台阶 2）材质：青石、青砖 3）形制：青石雕刻，雕刻方式分为阴刻、阳刻	

规划实施与管理引导 表4-4-6

实施内容	实施主体/管理主体	奖惩机制	实施分期
抢救性保护修缮文保单位、历史建筑、古民居建筑	村委会；村民；县相关管理部门/县相关管理部门	在古村范围内召集了解古建筑历史、修缮工程和相关知识的村民共同参与建筑的保护维修，并提供一定奖励，收集汇总相关信息，为今后的保护维护储备资料。 对古民居自行进行修缮的村民提供技术支持和长期资金支持，但必须经过主管部门验收	近期/远期
拆除建筑	村民；村委会/县相关管理部门	应与村民协商拆除方案，进行充分的补偿对接，补偿资金应不低于同区域的标准	近期/远期
风貌整治	村民；村委会/县相关管理部门	对不协调建筑的风貌整治提供技术、资金支持。可提供选择方案，包括主管部门整治的，村民应予以配合；村民自行整治的，可提供包括原材料、资金补贴、技术援助或实物补贴等方式，最后必须满足验收条件。对自行整治的村民应首先进行培训，并提供奖励	近期/远期
建筑日常维护	村民；村委会/县相关管理部门	对历史建筑、传统民居进行日常维护保养提供技术、资金支持。可提供选择方案，包括主管部门维护的，村民应予以配合；村民自行维护的，可提供包括原材料、资金补贴、技术援助或实物补贴等方式；还可选择管理部门与村民共同维护的方案。 对日常自行维护的村民应提供奖励	近期/远期

4.5 展示利用规划

4.5.1 展示与利用目标和对象

在保护的前提下，合理利用湖洲村的历史文化资源，系统展示现有的文化遗存，使湖洲村的文化特色在未来农村发展建设中得以传承，并提升村民的生活水平，增加对湖洲村历史文化特点的认同感和归属感。

展示体现湖洲村历史文化底蕴的遗存，包括文物保护单位、保存较好的传统风貌院落、历史街巷、传统格局、公共活动空间和优秀传统文化等。

4.5.2 传统格局展示内容和展示途径

传统格局展示的内容包括村庄内保留的滨江景观、历史街巷、牌楼、古桥、古井、古驳岸、重要的水塘、山-水-村的格局（图4-5-1）。

图4-5-1 **湖洲村入口格局现状**
（图片来源：作者摄）

首先，应突出以山-水-田-村格局为主的整体山水格局的展示，体现湖洲古村人与自然完美结合的整体价值特色。

展示滨江沿岸景观。临沂江的滨水景观是湖洲村展示给游客和来访者的第一印象，也是湖洲村选址得天独厚的重要佐证。应以能够突出湖洲村历史文化价值特色的传统民居建筑为主要的滨水景观组成要素，于近期强化滨水建、构筑物和环境的整治，在体现出优美宜居山村的同时，展示湖洲村的文化特色。

展示历史街巷。不改变历史街巷的道路格局，与修复的排水沟渠相结合，延续村庄家家通水渠，户户水相连的原有形制。严格控制规划范围内的建筑高度，保护历史街巷原有的空间尺度。

展示牌楼、古井、古桥、古驳岸等历史性要素。将牌楼、古井、古桥和古渡口作为传统格局重要的展示点。对牌楼、古井、古桥、古驳岸做明确的标识，增强对游客的旅游引导性，通过旅游展示线路成为湖洲历史文化名村旅游的重要景点。村内古村古樟树密布，结合未来开放空间的改造和滨水环境的结合，作为展示、游憩的重要空间。

展示重要的水塘。将多处水塘重新利用起来，恢复水产养殖或种水生植物，突出展示水塘与村民日常生活息息相关的联系，同时也成为旅游休憩的主要场所。多处水塘中，尤以村庄中部的两片相邻的大水塘为重要的景观展示点，应重点整治其水质，恢复原有的清澈，并整治水塘周边的景观环境。

4.5.3 文物保护单位和历史建筑的展示和利用

在文物保护单位保护要求的前提下，通过实物展陈、图片和文字说明等方式展示文物保护单位的历史文化价值，另外可以充分利用湖洲村多元的文化资源，将物质遗存和非物质文化遗产相结合，共同展示。

将花门楼、习氏大宗祠等文物建筑向游客开放；保持天府庙的原有功能，仍按照传统风俗举办各种宗教活动；利用戏台安排地方戏曲的表演或其他小型演艺活动，展示传统曲艺、民间舞蹈等，丰富旅游展示项目。

对科甲世第和华英书院进行科学的考古勘探，收集文献资料并进行科学论证，进行局部或整体的恢复展示。

对于仍在使用的历史建筑，如传统民居等，保持立面的原有风貌，改善室内环境和设施，提高基础设施的水平。对于废置但有纪念意义的历史建筑，如习振翎故居等，可以利用为纪念馆或展览馆。

4.5.4 公共文化活动空间展示

将多处小型公共开敞空间进行景观改造，作为村民的公共文化活动空间和游客的休憩场所，可以开展一些传统文化活动的展示。既美化了村庄的环境，也丰富了村民的业余生活，并能够活跃传统文化的传播和促进（图4-5-2）。

4.5.5 优秀传统文化传承与展示利用

4.5.5.1 现状概况

湖洲村传统文化现存主要为传统手工技艺，总计十项，其中包含一项与峡江县关系密切的省级非物质文化遗产峡江米粉制作技艺。其余包括剪纸、民歌、节庆等（表4-5-1）。

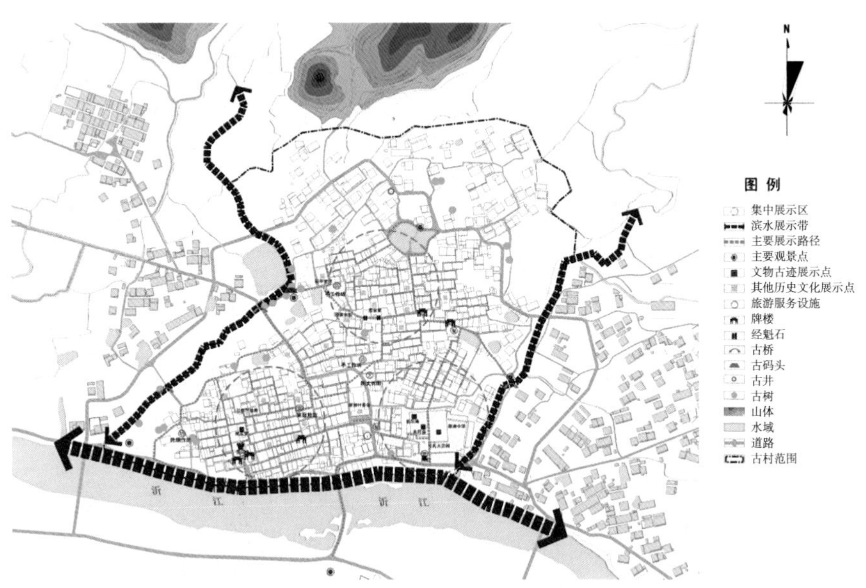

图4-5-2 **古村展示利用系统规划图**
（图片来源：作者自绘）

峡江县优秀传统文化项目一览表 表4-5-1

名称	传统文化类别	遗产级别
峡江米粉的制作技艺	传统手工技艺	省级
湖洲擎香龙	民俗文化	县级
湖洲采茶戏	传统戏曲	县级
烤烟技艺	传统手工技艺	未定级
宗教节庆	民俗文化	未定级
湖洲打麻糍	传统手工技艺	未定级
湖洲竹编	传统手工技艺	未定级
湖洲古村对联	民俗文化	未定级
湖洲民歌	传统戏曲	未定级
湖洲剪纸	传统手工技艺	未定级

（注：非物质文化遗产以县为单位进行统计，表中均有湖洲村存有的非物质文化遗产。）

4.5.5.2 主要问题

缺乏对优秀传统文化的普查和资料收集，如湖洲采茶戏、湖洲民歌、湖洲剪纸、湖洲打麻糍、竹编、木雕技艺等，缺乏相关影像或文字信息的整理。

缺乏对民间手工艺人的基本保护，许多口传心授的民间艺术和传统技艺面临消失的危险；缺乏新一代文化传承人，如湖洲剪纸，已面临失传。

传统文化的传承与展示空间不足，缺少专有的公共空间对优秀传统文化进行研究和传承，现有的空间也多废弃，没有起到文化传承与展示的作用，如戏台等。

缺少系统的展示和合理利用，对外宣传力度不足。

4.5.5.3 保护传承与展示利用及项目工程

县政府牵头对民间的传统文化遗产和传承人进行搜集和登记，并积极做好非物质文化遗产的申报、公布和档案建设工作。

保护传承人及其所拥有的技艺，维持其动态传承。鼓励传承人不再兼营农业种植，而是结合未来湖洲村旅游业的发展，以其传统技艺的经营为生。如鼓励湖洲剪纸的传承人开设店铺，将传统手工技艺市场化经营，同时，开办剪纸艺术传习班。

组建湖洲村歌舞表演队、湖洲村采茶戏团等文艺团体，日常和节庆活动时为游客和村民表演地方民歌、传统戏曲和民间舞蹈。

开设特色米粉餐厅，将米粉加工设备放置在餐厅内，展示加工过程并鼓励游客参与体验。

选择一两处烤烟房，作为烤烟技艺的展示作坊，吸引游客参与烤烟的制作加工过程。

设立专项保护资金，对传承人有专项资金保障。

结合上述保护与传承展示要求，并综合考虑未来旅游发展需求，设定传统文化传承与展示专项工程，投入必要资金，近期开展七项工程，远期开展四项工程，系统推进传统文化的保护传承和展示利用。规划传统文化传承展示项目工程见表4–5–2，规划实施与管理引导见表4–5–3。

规划传统文化传承与展示项目工程表 表4-5-2

项目分期	项目工程名称	传统文化类别	遗产级别及申报计划	未来发展结合项目
近期	峡江米粉特色餐饮工程	传统手工技艺	省级	特色餐饮、食品加工业、展示
	湖洲擎香龙传承展示工程	民俗文化	建议申报省级	民俗文化展示、研究、文化旅游产品
	湖洲采茶戏传承展示工程	传统戏曲	建议申报省级	戏曲表演展示、研究、文化旅游产品、
	湖洲刁氏宗族文化保护展示工程	口头传统、礼仪	建议申报省级	文化展示、研究、文化旅游产品
	烤烟技艺传承展示工程	传统手工技艺	建议申报省级	文化展示、特色产业、文化旅游产品
	湖洲剪纸技艺传承展示工程	传统手工技艺	建议申报省级	文化展示、文化旅游产品
	湖洲民歌传承展示工程	传统戏曲	未定级	歌舞节目表演展示、研究
远期	湖洲麻糍特色餐饮工程	传统手工技艺	未定级	特色餐饮、食品加工业、展示
	湖洲本地宗教节庆传承展示工程	民俗文化	未定级	节庆活动展示、研究
	湖洲竹编传承展示工程	传统手工技艺	未定级	文化展示、特色产业、文化旅游产品
	湖洲古村对联文化保护展示工程	民俗文化	未定级	文化展示、研究、文化旅游产品

规划实施与管理引导 表4-5-3

实施内容	实施主体/管理主体	奖惩机制	实施分期
开设特色米粉餐厅，鼓励以米粉制作技艺的经营为生，不兼营农业种植	村民/村委会	在经营初期给予启动资金5000元补贴；对不兼营种植的农户给予一定的补助	近期
成立集合多种文艺形式的专业表演团队（包括湖洲擎香龙、采茶戏、民歌等）	村委会	与湖洲村旅游发展结合，由村委会主导；定期的培训、彩排以及服装道具经费应纳入预算	近期
开设麻糍店铺，店内经营销售并展示打麻糍技艺	村民/村委会	在经营初期给予启动资金5000元	近期
设立若干处烤烟技艺展示作坊	村民/村委会	与湖洲村旅游发展结合，市场化经营；村民个人对传统烤烟房建筑进行修缮整治的应给予指导和资金补助	近期
设立湖洲剪纸工艺坊和剪纸艺术传习班	村民/村委会	设立专项保护资金，对非物质文化遗产传承人进行持续性资金补助	近期
开设竹编工艺作坊，店内经营销售并展示竹编工艺	村民/村委会	在经营初期给予启动资金4000元	近期

05

第5章 湖洲村综合功能改善与提升

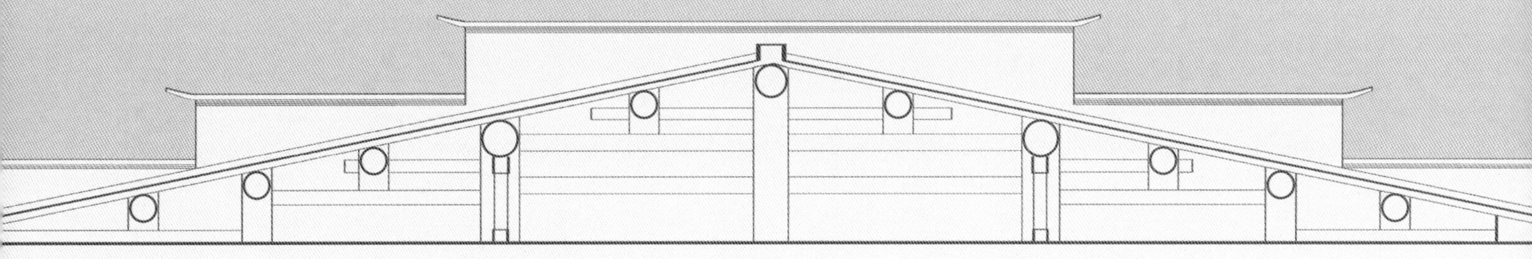

5.1 湖洲村发展规划

5.1.1 现状概况与主要问题

5.1.1.1 人口规模

湖洲村域总人口3514人，户数715户，耕地面积5047亩，土地面积22435亩，包含自然村七个。其中湖洲自然村人口最多，为2537人，518户（表5–1–1）。

村域各自然村现状人口统计表　　表5-1-1

序号	自然村	户数（户）	人数（人）
1	湖洲村	518	2537
2	郑田村	23	138
3	安田村	16	92
4	太下村	56	280
5	车上村	35	150
6	大西头村	16	84
7	西元村	51	233

湖洲自然村共有12个村小组，总人口数2537人，其中湖洲古村人口为1884人。自然村现有劳动力1580人，实际从事第一产业人数985人、第二产业人数3人、第三产业人数108人、待业人数19人、剩余劳动力54人。外流劳动力共有411人，其中县内135人、县外市内41人、市外省内33人、省外202人。流入劳动力为0。

从2006年到2012年湖洲村域统计的村域范围的人口自然增长率变化趋势来看，湖洲村自然村所处区域的人口自然增长率整体基本处于逐年下降的趋势（表5–1–2）。

5.1.1.2 现状用地

现状村庄用地分为村民住宅用地、公共设施用地、绿化用地、道路用地、水域、耕地六类，共为21.43公顷（表5–1–3、图5–1–1）。

5.1.1.3 村民大会对古村保护意见

为了更好地了解村民对古村保护的看法，鼓励村民对保护的积极参与，并与村民自治管理机制更好衔接，在湖洲村保护规划编制过程中，特别加强了村民意见征集工作，包括村民大会、村委干部座谈会、随机访谈、村庄调查等。意见征集得到村委和村民的积极配合响

湖洲村域历年人口统计表

表5-1-2

年份（年）	总人口（人）	期内出生（人）	性别比	出生率（%）	死亡率（%）	自然增长率（%）
2006	3164	74	124	23.39	7.27	16.12
2007	3211	65	124	20.25	6.23	14.02
2008	3265	79	276	24.19	7.04	17.15
2009	3296	49	96	14.87	5.46	9.41
2010	3327	51	132	15.33	6.01	9.32
2011	3351	42	180	12.53	5.37	7.16
2012	3378	45	114	13.31	5.33	7.99

现状村庄用地统计表

表5-1-3

用地类型	类别代码	面积（公顷）
村民住宅用地	H14-R	12.42
公共设施用地	H14-A	0.87
绿地用地	H14-G1	0.68
耕地	E1	5.78
水域	E2	0.45
广场用地	G	0.16
道路用地	E6-S1	1.07
总计		21.43

图5-1-1　**村庄用地现状图**
（图片来源：作者自绘）

村民访谈信息汇总表 表5-1-4

问题类型	主要反映问题	主要提出建议
生活问题	1. 老房子的光线不好，白天还要开灯； 2. 看病困难，村里的医疗所的医疗费报不了，去县里看病太贵	
空间问题	巷道太窄，交通不便，板车进不来，挑水不方便	1. 对于已经建设的达不到规划要求的新房，应当按要求整改； 2. 应当将垃圾分几块集中到一起； 3. 老厕所要去掉，改成新的公共厕所； 4. 把关牛的牛栏集中在一起，猪牛不能再在古村内排泄（村内养牛户约占总数30%）
发展问题	1. 清洁工不足，清洁卫生的工作量太大； 2. 环境保护的意识应提高	1. 游客到这里来吃土鸡、土蛋，对村民有好处，湖洲人民会富起来； 2. 不仅仅要让游客看到古村，还要让他们看风景，看湖洲的山清水秀

应，为保护规划编制提供了宝贵的基础和重要参考。在对湖洲村的村民进行随机的抽样访谈后，梳理得出几方面的反馈意见，作为保护规划考虑的重要因素，详见村民访谈信息汇总表。

5.1.2 整体空间结构

依据古村保护目标和规划策略，结合村民意见反馈，古村保护规划首先对整体空间结构进行了优化，把整体空间结构划分为“六区、两带、一环”（图5-1-2）。

六区是指结合湖洲村现有地形与空间特征，将现有的村庄空间分为六类功能区。六类功能区分别为：

历史文化村落片区：湖洲历史文化遗存的集中区域，也是各类公共服务设施的集中区域，该区域应当严格控制建设规模，对内部的建筑风貌与景观环境进行综合整治。

传统村落风貌区：是湖洲村在近期发展过程中逐步拓展出的区域，存在少量历史文化遗存，可以作为湖洲村传统村落风貌展示的周边区域进行展示，可以适当布置旅游服务、住宿、农家乐、农业旅游等功能。

村庄拓展区：作为村庄发展的备用地，是湖洲村未来空间拓展的方向。

旅游配套综合服务区：适宜于开展餐饮、娱乐、短期住宿等旅游接待活动，综合建设为全村域服务的旅游设施核心区。

农业生态景观区：主要是古村的耕地。该区要保护基本农田，维持原有的农业景观，不得调整为其功能，结合农家乐开展农业旅游。

山林景观区：在保持原有山体地形、植被等自然环境要素的前提下，可开辟登山步行

图5-1-2 **村庄整体空间结构图**
（图片来源：作者自绘）

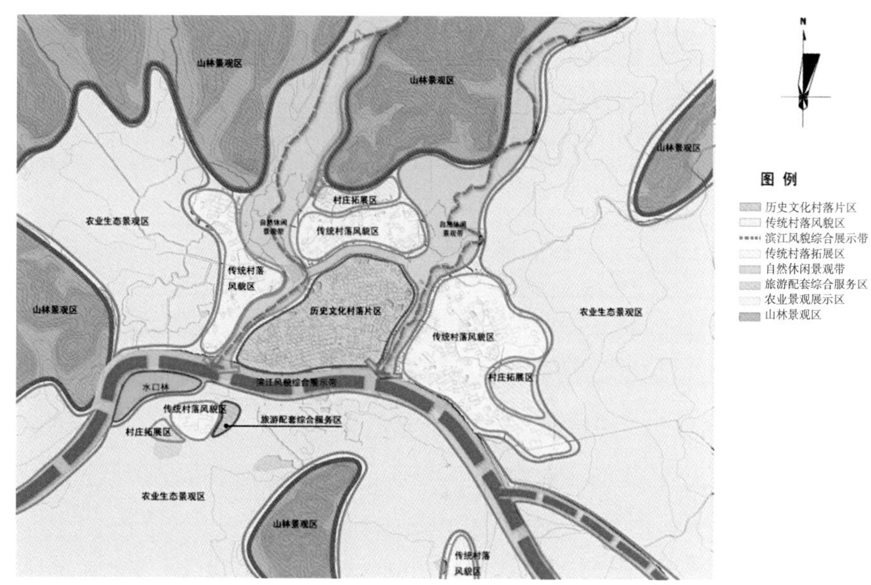

道、生态旅游线路，并结合重要观景点设置休息平台与观景点等旅游设施。

两带是根据两种水体的景观特征，将滨水区域分为两种景观展示的类型。一是滨水自然休闲景观带，结合村边东西两侧的自然水系，对水岸两侧的农田、绿地、古树、古桥等景观要素进行展示。二是滨江风貌综合展示带，对沂江两岸的风貌进行展示，主要包括村庄沿江立面、跨江桥梁、码头、岸堤、生态景观资源等。

一环是指充分利用部分现有道路，结合新建的道路，将村庄主要交通流线梳理为环形的疏解道路，串联几类功能区。

5.1.3 建设用地与公共服务设施规划

5.1.3.1 建设用地规划

湖洲古村范围，近期（2020年）古村建设用地为23.74公顷，相对于现状增加8.63公顷。远期（2030年）古村建设用地为26.72公顷，相对于现状增加11.61公顷。湖洲村域范围，远期（2030年）村域规划建设用地控制在48公顷。

湖洲古村范围的建设用地应当严格控制增长，未来新增村内建设用地应在古村外围解决。因此，湖洲古村建设用地近期（2020年）及远期（2030年）的增加量，均由靠近湖洲古村外围东西两块片区（江边、新屋下）及沂江南岸的安田村进行落实，具体建设用地增长边界应参照保护区划范围和空间管制范围。

村庄建设用地划分为八类。其中，村民住宅用地8.32公顷，行政管理用地0.1公顷，零售服务与居住混合用地2.09公顷，旅游服务及特色餐饮用地0.7公顷，文化展示用地1.73公顷，绿化用地1.21公顷，广场及公共活动空间用地0.21公顷，医疗卫生用地0.04公顷，道路用地0.71公顷，水域0.38公顷，耕地5.94公顷。各类用地的具体建设要求详见村庄规划用地统计表（表5-1-5、图5-1-3）。

村庄规划用地统计及建设要求表　　表5-1-5

	用地类型	编号	面积（公顷）	建设要求
1	村民住宅用地	H14–R	8.32	建筑为1～2层，部分承担民俗旅游接待功能的院落绿化率应高于50%
2	村委会管理用地	H14–A1	0.10	建筑为2层，保留原有建筑风格并予以修缮
3	零售商店与居住混合用地	H14–B1#	2.09	保护传统建筑；新建建筑不得高于2层；与周边传统风貌建筑相协调，建筑均为坡屋顶；现有建筑改造的房屋兼有居住功能
4	旅游服务及特色餐饮用地	H14–B1	0.70	新建建筑不得高于2层；与周边传统风貌建筑相协调，建筑均为坡屋顶
5	文化展示用地	H14–A2	1.73	保护传统建筑；新建建筑不得高于2层；与周边传统风貌建筑相协调，建筑均为坡屋顶
6	绿化用地	H14–G1	1.21	结合现有的地形、植被进行改善
7	广场及公共活动空间用地	H14–G3	0.21	尽量利用场地现有植被造景，硬质地面宜选择渗水性好的片石砌块铺装；停车场应建设绿荫式停车场
8	医疗卫生（医疗室）用地	H14–A5	0.04	建筑不得高于2层，建筑形式与周边环境相协调
9	道路用地	H14–S1	0.71	改善路面与道路设施
10	水域	E1	0.38	保护水体边界、改善水质、清理水岸垃圾
11	耕地	E2	5.94	保护原有的耕地
	总计		21.43	

5.1.3.2　村庄内部功能区结构

湖洲村内部基于现状的建筑功能、历史街巷分布和改造划分为五种类型的功能区（图5-1-4），即民居历史建筑及历史街巷功能区、公共建筑及文艺活动综合功能区、滨水传统风貌综合功能区、绿化景观及开放空间功能区和一般传统村落功能区。

村内主要通过两条东西向的展示轴线以及一条南北向的展示轴线进行组织，在轴线的外围尽端与规划环村路进行搭接，实现外部交通与内部步行为主的交通转换。

轴线相交于两处节点，一处是现村委会南侧，一处是居安堂南侧，为主要公共服务节点，在节点周围重点配置各类公共服务及旅游服务设施，同时也成为村民共享的公共活动空间和生活服务设施集中区域。另外，在展示轴线的沿线设置六处次要公共服务节点，配

3
4

图5-1-3　村庄用地规划图
（图片来源：作者自绘）

图5-1-4　古村内部功能区划分图
（图片来源：作者自绘）

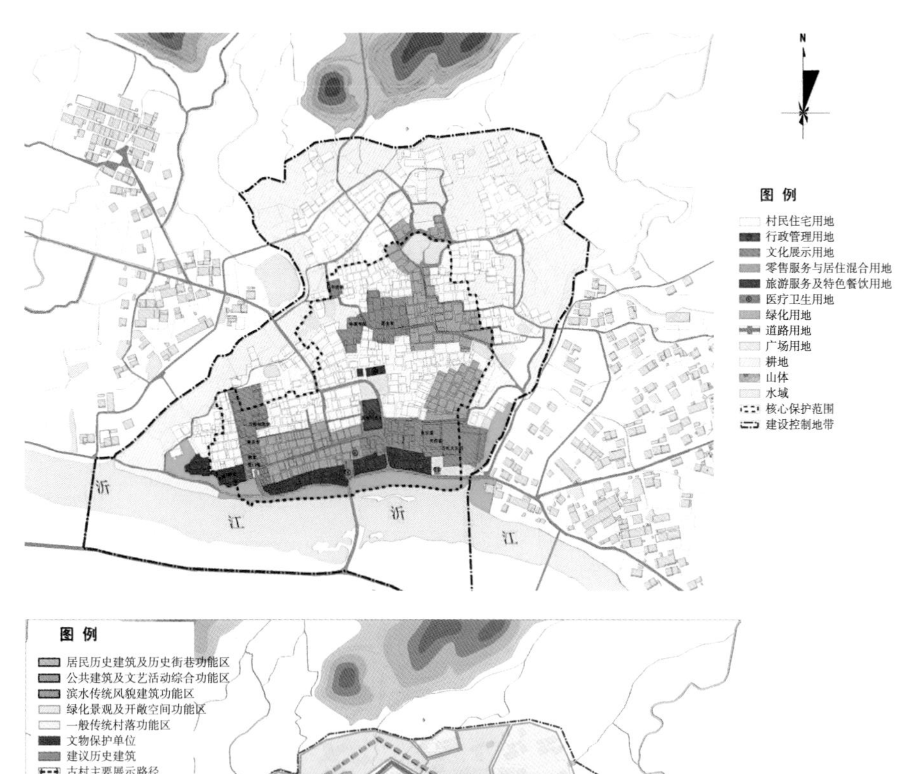

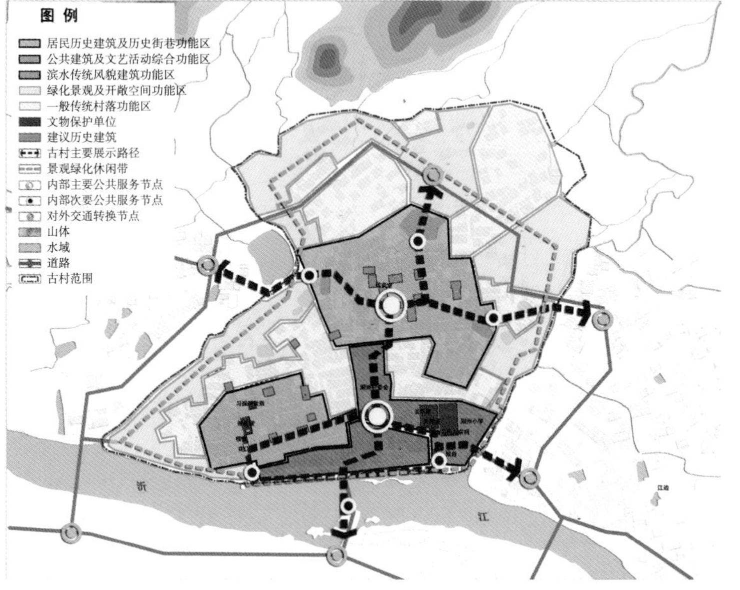

置相应的公共服务设施。

在古村外围，严格控制其村庄建设用地的扩增，保护其周边的水系、耕地、绿化、树木等自然景观环境，并结合休闲步行道进行展示。

5.1.3.3　公共设施规划

公共设施分为公益型设施、商业服务型设施和农副产业设施。公共设施配套指标按每千人1000～2000平方米建筑面积配置。

村庄近期应建设的公共服务设施13项（表5-1-6），其中，需政府介入投资的项目11项。村内公共设施的选择应尽量利用峡江县城的公共设施，满足村民的生活需求。

商业服务型设施。保留原有村委楼以北的零售商店，村庄核心保护范围内部不再增设商业型服务设施。在村庄核心保护范围以外，结合建筑的整治改造，在不影响街巷历史风貌的前提下，适当增设特色商业设施。

公益型设施。保留和改善原有的村委会、医疗室等。近期保留小学（湖洲小学）、幼托（位于小学内部）功能，从整体保护的角度出发，远期对小学幼托进行外迁，对刁氏大宗祠周边用地进行整理。新小学幼托选址建议布局在古村西侧新屋下，用地较为开敞，并确保服务半径。

保留村内原有的可供村民进行休闲与社交活动的场地（如村委以北、戏台以北、刁氏大宗祠以南的场地），并进行设施和环境改善。结合村委会，增设老人健康活动、增加餐饮小吃、理发、综合修理等便民服务设施，增设村民活动中心、书屋、活动广场等文化设施。改善滨水绿地和公共活动空间。

农副产业设施。整治村内的猪圈、牛棚，经与村民讨论商议，在核心保护范围以外选择交通便捷的地点设置集中养殖区。集中养殖区的选址应远离饮用水源地，并选在夏季主导风向的下风向，与村民生活区有适当的卫生防护距离。对于村内原有的烤烟房等生产设施，仍在使用的应当予以保留。对于废弃的烤烟房，应当具有一定历史价值的部分进行保留，其他的应予以整治。

村庄公共服务设施选择规划表 **表5-1-6**

<table>
<tr><th rowspan="3">序号</th><th rowspan="3">设施名称</th><th rowspan="3">现有设施使用情况</th><th colspan="3">设施建设参考标准</th><th rowspan="3">性质</th><th rowspan="3">投资方式</th></tr>
<tr><th rowspan="2">名称</th><th colspan="2">规模</th></tr>
<tr><th>建筑面积（m^2）</th><th>用地面积（ha）</th></tr>
<tr><td>1</td><td>停车场</td><td>无</td><td>停车场</td><td></td><td>0.2</td><td>公益型</td><td>政府投资，强制建设</td></tr>
<tr><td>2</td><td>公交站</td><td>无</td><td>公交站</td><td></td><td></td><td>公益型</td><td>政府投资，强制建设</td></tr>
<tr><td>3</td><td>银行</td><td>无</td><td>/</td><td></td><td></td><td>/</td><td>/</td></tr>
<tr><td>4</td><td>邮局</td><td>无</td><td>/</td><td></td><td></td><td>/</td><td>/</td></tr>
<tr><td>5</td><td>老人健康活动中心</td><td>无</td><td>老年人之家</td><td rowspan="2">300</td><td rowspan="2">0.09</td><td>公益型</td><td>政府投资，强制建设</td></tr>
<tr><td>6</td><td>卫生服务设施</td><td>有，需改善</td><td>计生指导站、医务室</td><td>公益型</td><td>政府投资，强制建设</td></tr>
<tr><td rowspan="4">7</td><td rowspan="4">商业服务设施</td><td>有</td><td>超市、百货店</td><td>300（建议值）</td><td rowspan="4">0.15</td><td>经营型</td><td>市场调节，灵活设置</td></tr>
<tr><td>无</td><td>餐饮小吃店</td><td>300（建议值）</td><td>经营型</td><td>市场调节，灵活设置</td></tr>
<tr><td>无</td><td>理发店、浴室</td><td>220（建议值）</td><td>经营型</td><td>市场调节，灵活设置</td></tr>
<tr><td>无</td><td>综合修理服务</td><td>100（建议值）</td><td>经营型</td><td>市场调节，灵活设置</td></tr>
</table>

续表

序号	设施名称	现有设施使用情况	设施建设参考标准			性质	投资方式
			名称	规模			
				建筑面积（m^2）	用地面积（ha）		
8	文化娱乐设施	无	村民活动中心	500	0.23	公益型	政府投资，强制建设
			图书室			公益型	政府投资，强制建设
			信息服务站			公益型	政府投资，强制建设
9	广场	无	文艺活动广场		0.3	公益型	政府投资，强制建设
10	幼儿园	有，需改善	/			/	/
11	小学	有	/			/	/
12	管理设施	有，需改造	村委会	1200	0.14	公益型	政府投资，改造
13	集中养殖设施	无	猪圈、牛棚	1000	0.1	公益型	政府投资，强制建设
		总计		3920	1.21		

5.1.4　道路设施规划

现状村庄内部道路，仅有两条完成硬化，其余的道路以土路为主，部分历史街巷为鹅卵石铺装。村内道路体系较好地保持了传统街巷的走向与格局，但是存在如下问题：部分街巷宽度过窄，无法满足板车进入，影响村民生活便利；现状村庄道路较为均质，缺乏主次系统，无法满足未来村庄内部旅游展示利用的需求；主要车行道路没有连接滨江空间（戏台、刁氏大宗祠前广场），不利于南部滨江景观的格局保护；村庄北部道路网密度较低，且路况多以土路为主，交通不够便捷；村庄周围没有停车空间，不便于向外来车辆提供服务。

规划原则。保护村庄历史街巷格局，加强对外联系，加强水系两岸联系。增加停车设施，采用快慢分行，内外分解方式，减少对村庄历史风貌造成的影响。改善村内交通可达性，营造宜人的步行环境。

道路共分村域主要道路、村域次要道路、村庄车行道路、村庄主要步行路、村庄次要步行路五级。其中车行道路形成了“一横、一纵、一环”的结构，从而既满足了村庄道路交通需求又不因道路建设影响村庄古朴的空间氛围。村域主要车行路、村域次要车行路的宽度为4.5～7米，村庄车行道路宽度为4.5～6米，道路两侧绿化带各0.5米。机动车路面材料以水泥、沥青为主，非机动车道路应当利用石板、鹅卵石等地方石材资源。保留村内现有道路并进行路面修整，新建道路一条，村庄建设车行道路四条（表5–1–7）。

村庄主要规划道路统计表 表5-1-7

序号	道路等级	道路走向	路面宽度（m）	道路长度（m）（村内）	路面材料	备注
1	村域主要道路	东西向	7	/	沥青混凝土	整治
2	村庄车行道路	东西向	4.5～6	974	沥青混凝土	整治
3	村庄车行道路	南北向	4.5～6	850	沥青混凝土	保留
4	村庄车行道路	环村	4.5～6	1648	沥青混凝土	整治

旅游展示道路主要对进村主路车行道断面进行调整（图5-1-5），设置人车分流的断面，游客在邻近的安田村集散，然后步行至古村口，过桥入村游览。步行道做好景观设计，结合滨水开敞界面使其能欣赏到对岸的景观。

停车场地与客运集散。利用村庄现有用地改造建设停车场四处，用地面积0.5公顷。分别位于东南西北四个方向，详见村庄道路交通规划图。

水上码头。村庄范围内增设两处水上码头，分别在刁氏大宗祠前广场处、花门楼前开敞空间处。

道路照明。增加道路附属设施建设，在村域主要道路、村域次要道路、村庄车行道路两侧每隔8米均需设置路灯（图5-1-6）。

5.1.5 绿化景观规划

村庄绿化景观在湖洲村现有的农田、绿地、绿植、水系和开敞空间基础上，采用点、线、面结合布置的方式进行规划，形成有序的绿化景观展示路径。

湖洲村现有绿化建设有待加强，尤其是沂江滨江地区，以及村东西两条水系沿线的开敞空间，村庄主环线游路，以及村内现有小型开敞空间的绿化建设。

村庄周围应当结合当地主要粮食产物进行种植（主产粮食、大棚蔬菜、烤烟等），经济林有油茶、杨梅、柑桔等。利用本地树种，村庄绿化应尽可能地利用各种角落和坡地进行多层次绿化丰富景观。

绿化树种应选择种植养护方便的本土植物，风景类可以选择樟树、银杏、水杉、香樟、广玉兰、枫杨、八月桂等，花卉类可以选择月季、山茶、迎春花、栀子、杜鹃类、茉莉、春鹃、夏鹃等，果类可以选择桃、李、梨、桔、柑、柚、杨梅、柿、葡萄、枣、枇杷、猕猴桃等。在能保留现有植物造景的情况下，不宜大量更换异地植物品种。

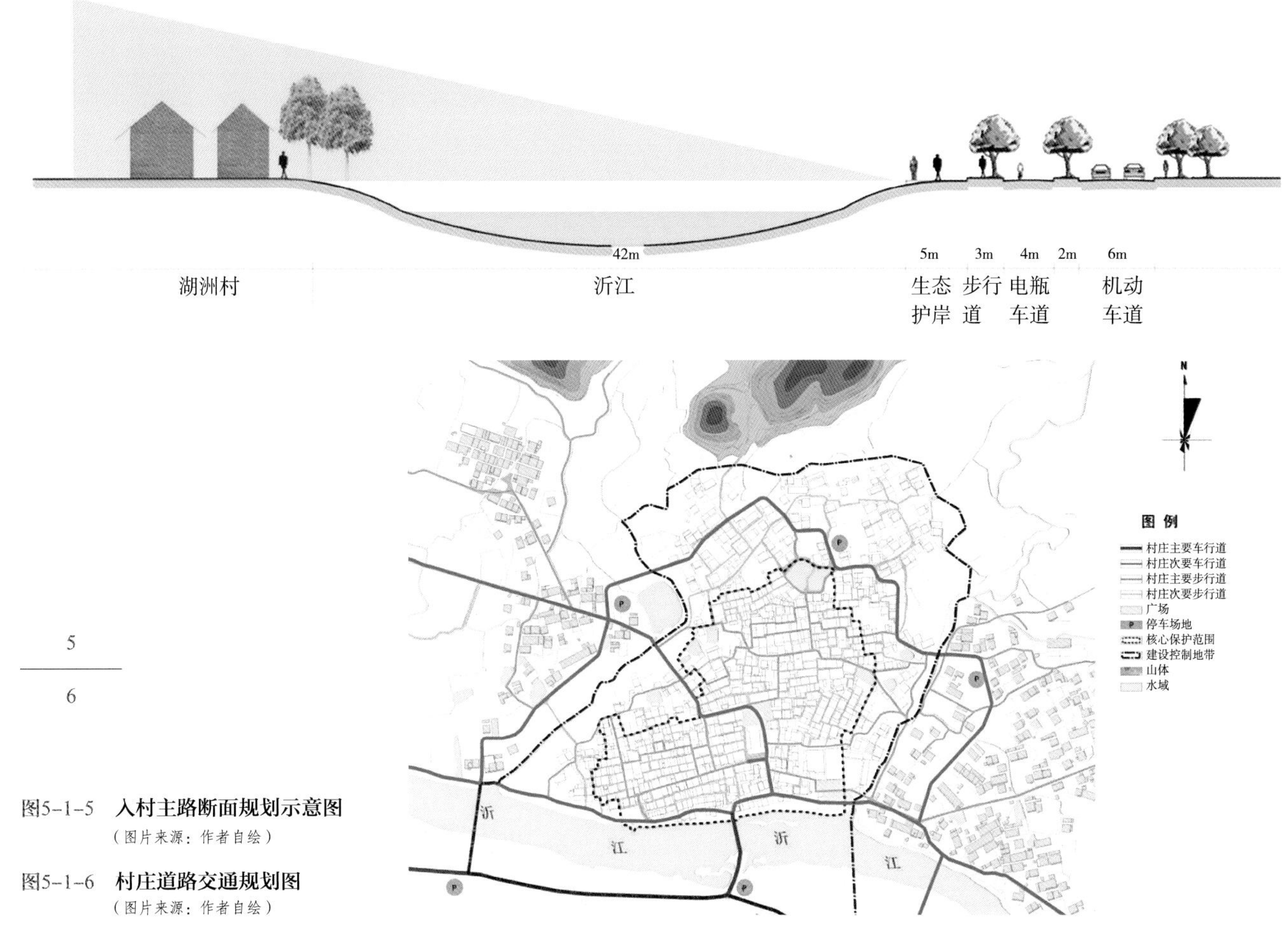

5

6

图5-1-5 **入村主路断面规划示意图**
（图片来源：作者自绘）

图5-1-6 **村庄道路交通规划图**
（图片来源：作者自绘）

5.1.6 村庄公共空间规划

村庄近期建设整治应采取重点改造核心景观节点兼顾村庄小型开敞空间的改造策略。

尽量保留场地的现有树木，利用现有废弃地和边角地建设小型开敞空间，地面硬化处理宜采用卵石或毛石砌筑的方式，以保持村庄古朴自然风貌。开敞空间规划结合非物质文化展示，设定各类型的文化展示节点小空间。

规划滨水空间主要对沂江北岸进行规划控制，应采取加固式护坡的形式对沂江北岸进行驳岸的维护，应尽量减少大面积人工砌筑，形成相对自然生态的驳岸景观形式，可以通过增加滨水植被（水生植物）的形式强化滨水岸线的安全性，降低洪水侵蚀效果。

规划滨水空间以生态涵养和景观休闲为主要功能，宜结合原有老码头、驳岸，设置休憩设施和滨水观赏平台。不宜设置过多的环境小品设施，避免对生态景观的影响和滨水视线的遮挡。

滨水空间的改造和水系治理宜利用沂江中小河流治理的专项资金进行。

5.2 湖洲村基础设施及人居环境改善

5.2.1 给水工程规划

5.2.1.1 给水系统现状及问题

湖洲村现状用水对象主要包括：湖洲村村民生活用水和牲畜用水、河流水体生态环境用水，以及农业灌溉用水等，现状总用水人口约2560人，古村范围内有1884人。村内现状村民用水水源是地下水，采取村民自打深水压水井取水。从现场踏勘调研看，村内现状供水情况是：水资源丰富，但村民主要采用自打压水井方式分散取水，无集中供水，用水不便；自打压水井水源水质差异较大，未经净化处理直接饮用，安全缺乏保障；分散的供水设施对古村风貌造成一定程度的影响（图5–2–1）。

5.2.1.2 给水工程规划措施

经测算湖洲村用水需求量不大，村庄地表、地下水资源丰富，且随未来旅游业的发展，以及农业产业、产品结构的不断调整，农业节水灌溉技术的广泛应用，农业用水需求量将逐渐减少，按照现状溪流水质、水量条件，可以满足村庄未来自身发展的各项用水及旅游需求。

因此，选取东坑水库和梅元水库水作为集中供水水源，在村庄北部建设集中供水站。保留村内现有的自打压水井作为备用水源，可结合未来旅游发展作为游客体验点，不新挖水井。整治对村庄风貌影响较大的混凝土水井。

供水管道管材可采用新型塑料给水管或玻璃钢管，尽可能沿现有或规划道路敷设，管线尽量沿巷道和院落墙角单侧浅埋铺设，接入各家各户。供水管网布置形式采用环状与枝状相结合方式（图5–2–3）。

5.2.2 排水工程规划

5.2.2.1 排水系统现状及问题

目前湖洲村内没有任何污水收集与处理系统，村庄内产生的所有村民生活污水、牲畜污水以及雨水，全部经过自然汇集以后，排入邻近的池塘、溪流等天然水体，最终排入沂江。村内现状排水主要问题也是我国大量村庄普遍存在的问题，包括排水系统不成网络，部分沟渠、水塘积水严重，部分水塘干涸，低洼路段有积水；生活污水未经任何处理直

1

2

图5-2-1 **村内给水系统现状**
（图片来源：作者摄）

图5-2-2 **村内排水系统现状**
（图片来源：作者摄）

接排放，导致部分池塘水富营养化严重，水面长满浮游植物；沟渠积水油腻漆黑，散发异味；旱厕及家禽牲畜窝棚没有及时清理，外溢严重，对环境影响较大等（图5-2-2）。

5.2.2.2 排水工程规划措施

古村范围内沿用原有雨污合流体制，重点建设排水主干暗渠，减少污染源；古村两侧新近发展片区采用雨污分流制（图5-2-3）。

修复完善古村范围内原有沟渠排水体系，使形成网络，重点建设排水主干暗渠；在花门楼和居安堂传统建筑密集的片区，取消分散旱厕，分点建设公共厕所，服务周边村民，及时清理公厕污物，可用于农田灌溉；将鸡、鸭、猪、牛等禽畜迁至村庄外围集中圈养，严格限制古村范围内鸡、鸭等家禽的养殖数量；鼓励村民家庭泔水收集用于养猪，尽量减少污水的排放；控制古村核心范围内餐饮等污水量较大行业发展，尽量集中在古村外围。

古村两侧发展片区雨水采用沟渠自然排水，排入临近池塘、溪流。生活污水建议采用住建部推荐的分散式人工湿地污水处理技术处理（适用于江南农村分散污水处理：分户或联户建立人工湿地污水处理池，垫卵石和粗泥砂，种植根系发达植物，砂卵石表面的微生物和植物根部吸附污水中的污物）。

在新修道路和街巷整治时预埋污水管道，远期实现雨污分流制。

排水规划实施与管理引导见表5–2–1。

规划实施与管理引导　　表5-2-1

实施内容	实施主体/管理主体	奖惩机制	实施分期
对主干暗渠进行疏通治理，确保通畅；长期维护监管	村小组/村委会	①分组分片负责，根据规划及实际需求修复、新建主干暗渠，统一提供砖、石等材料，按人均60元/天支付劳动报酬。②半年疏通清理主干暗渠一次，对清理人员每次给予300元劳动报酬	近期/远期
按规划引山泉水库水改水	村委会/县相关管理部门	一次性投入资金，村委组织建设水厂及敷设水管至每家每户。鼓励村民接水入户，并约定接水用户每年缴纳150元/年作为水库、水管护理更新费用	近期/远期

图5–2–3　**给水排水系统规划图**
（图片来源：作者自绘）

5.2.3　电力工程规划

5.2.3.1　电力系统现状及问题

湖洲村现状月用电量在50250度左右，最大负荷165kW，接近满负荷运行，最大负荷运行时，农业用电量接近58090kW/h，临时基建电量接近2410kW/h。接入湖洲村的10kV线路始建于2000年，线径为LGJ–35型号导线，满足不了目前的线路运行要求。湖洲村的低压线路和台区改造已列入2013年农网升级改造工程，但电力线路改造时存在无预留线路通道问题。

同时，目前湖洲村的电力设施与湖洲古村风貌保护不协调，电线杆、电线的布置影响了传统建筑风貌，应当对线路的敷设方式予以调整（图5–2–4）。

图5-2-4 村内电力设施影响了古村传统风貌
（图片来源：作者摄）

5.2.3.2 电力工程规划措施

考虑到湖洲村现状电力设施已经不能满足使用需求，同时考虑到未来村内旅游业发展的需求，村内供电需做整体规划设计，拟在规划范围内设置10kV箱式变电站一座，同时，可将现有三个变配电所与该变电站相连接，形成双路供电网络，提高现状用电区域的供电安全可靠性。

10kV进线采用电力电缆沿规划人行道埋地敷设。380V/220V低压线路全部采用电缆埋地敷设，减少对古村整体风貌的影响。低压电缆采用VV22全塑电缆，在无构筑物障碍时尽量取捷径沿直线方向敷设（图5-2-5）。

5.2.4 电信工程规划

5.2.4.1 电信系统现状及问题

湖洲村目前电信有两个机房，分别在湖洲村、湖洲西元村，都采用光缆传输，主干光缆8芯。其中湖洲村宽带63户，有线电话113户，移动电话65户。沂江南岸湖洲村正南已建移动与联通的电信基站。

我国农村电信工程主要有三大运营商建设，覆盖程度高，固话和移动通信使用方便。主要问题是，村庄比较分散，线路过长，投资过大，使得部分用户由于线路过长影响上网速度。

5.2.4.2 电信工程规划措施

近期湖洲村内的新增电话容量，完全可以由现有的设施满足需求，远期可以通过机房扩容或者自峡江县城引入新的电信端局，满足湖洲村的通讯需求。

图5-2-5　**电力电信系统规划图**
（图片来源：作者自绘）

建设湖洲村内的旅游服务点、公共行政管理办公区域等服务设施，自沂江南岸电信基站引入电信电缆，提供方便、快捷的服务。同时为满足村内机动车道及部分步行游线将来安装公用电话及相关服务设施的要求，在道路一侧人行道下埋地敷设4～6孔电信管孔。

与此同时，在湖洲村公共设施建设用地的合适区域，新建一处邮政局，为旅游区提供邮电、邮政服务。

湖洲村内的所有电信电缆均采用管孔埋地方式敷设，并在日常管理中加强线路维护，增强抵抗灾害能力，保证旅游区内的通讯服务安全畅通（图5-2-5）。

5.2.4.3　有线电视

湖洲村内目前尚未开通有线电视服务功能。随着湖洲未来旅游业的发展与各项服务设施的逐步完善、设施水平要求不断提高，同时为满足湖洲村村民生活水平提高的需要，考虑将来开通有线电视服务所需要的用地空间及相关预留管孔，并与电信管孔合理。

5.2.5　环境卫生规划

规划原则。保护农村生态环境，大力推广节能新技术，实行多种能源并举，积极推广使用沼气、太阳能和其他清洁型能源，逐步取代燃烧柴草，减少对空气环境的污染和对生态资源的破坏。

生活垃圾处理设施规划。目前，湖洲村内生活垃圾收集、处理设施很不完善。村内居民生活垃圾、牲畜粪便、村民建房产生的建筑垃圾以及其他类型垃圾随意堆放，没有达到“定点投放、统一收集”的要求，造成了环境污染。因此，应合理规划设置村内垃圾收集站点，提高垃圾无害化处理水平。村庄垃圾处理应坚持“分类收集、定点存放、定时清运、集中处理”的原则，要配置垃圾收集点，确定生活垃圾处置方式。

村内主要街道应设专人进行清扫、管护，组建环卫工作队伍。保持村内环境卫生整洁，并积极推广生活垃圾分类投放措施。

生活垃圾处理设施规划，包括各种垃圾的收集、运输和无害化处理三个方面的内容。规划范围内垃圾收集采用袋装化分类统一收集。旅游人流集中的街道每隔150米设置一个垃圾桶或果皮箱。最终确定村内需建设垃圾投放点17个，按照每个投放点投资1500元计算，总投资为2.55万元。

垃圾运输采用集装箱密闭化转运，并全面实行机械化运输方式。规划期内生活垃圾的无害化处理率必须达到100%。在村庄周边建设一个符合标准的生活垃圾中转站，然后统一转运至其他地区进行集中无害化处理，实现规划范围内的生活垃圾减量化、无害化、资源化处理目标。

公共厕所规划。湖洲古村未来公厕的建设应满足村民日常生活需要和旅游服务的要求，公共厕所按300米服务半径进行设置，公厕建造地点选择因地制宜、合理规划，并符合《旅游厕所质量等级的划分与评定》要求。公厕建筑形式力求与旅游区周边的景观环境、建筑风格相协调。

公厕建筑标准不低于二星级标准，村内和村民集中活动的地方要设置公共厕所，每厕最小建筑面积不应低于30平方米。并与相邻主要建筑物间隔一定距离。旅游高峰时节，如遇游人容量迅猛增加情况，可在人流集散区域增设临时移动式环保公厕。随着规划范围内排水设施的不断完善，公厕粪便逐步纳入污水收集、处理系统，一并进行集中无害化处理。

村庄需建设公厕两个，按照平均每个投资1.5万元计算，总投资为3万元。

同时，整治破坏景观的柴草棚房、厕所、猪圈和各类临时搭建。对村庄内的废旧坑、塘进行改造利用，迁出村内部所有露天粪坑，对原址进行回填利用。

村内环境卫生规划实施与管里引导见表5-2-2。

5.2.6 能源供应规划

湖洲村内的能源供应问题，从环境保护的角度出发，需逐步减少燃煤或柴草等传统燃料，全面采用清洁能源。根据湖洲村的现状及规划条件，拟采用液化气及沼气来满足规划范围内的村民和公共服务设施的供应需求。

规划实施与管理引导　　表5-2-2

实施内容	实施主体/管理主体	奖惩机制	实施分期
清扫村内主要街道	村委会/村民	组建环卫工作队伍，分区承包，建立定期卫生评比，达标的予以奖励	近期
设立垃圾箱	村委会/村民	定期收集，给以收集人员固定的工资	近期/远期
垃圾中转站	村委会	一次性投入建设，并设专人维护	近期/远期
公共厕所	村委会/村民	村委会投资统一建设，由村委会与村民共同维护，村委会设专人每天定期清洁，村民划责任区进行保洁维护及管理	近期/远期
牲畜圈房整治	村民/村委会		

燃气供应方式。通过建设一个集中的液化气供应站的途径来满足大部分村民、游客的用气需求。湖洲村内有条件的家庭，近期也可以采用沼气，作为能源的供应。

5.2.7　综合防灾规划

5.2.7.1　消防规划

湖洲古村村内缺乏消防设施，内部没有消防栓，村内水塘和古村周围的水系是古村发生火灾时的主要取水点。

湖洲古村村内古建筑布置林立，建筑之间的间隙狭小，而且古建筑多数为砖木结构，耐火等级低，消防通道不够通畅，消防车辆难以进入古建筑群中，又无法借助自身消防力量有效地进行施救，一旦不慎失火，后果不堪设想。未来各种不同功能的配套旅游服务设施建设速度将逐步加快，因此，各种火灾隐患也随之增多，必须足够重视。

规划指导思想。统筹安排消防的各项建设和土地利用，根据湖洲村发展规模和空间发展形态，合理配置各项消防设施，并与湖洲村建设同步并且相互协调。在实际中应贯彻执行“预防为主、防治结合”的原则。加强消防宣传教育，提高村民消防意识。建立多种形式的消防队伍，组成义务消防队，构成消防力量的合理体系和网络。

规划目标。结合湖洲村实际情况，根据建设需要，合理确定安全消防布局，消防供水、消防通信、消防车通道、公共消防设施、消防装备等应依据本规划有计划、分时序进行增建和配置。建立全方位、多层次的消防组织体系，提高消防装备标准，加强规划区的消防基础设施建设，建设一支高效、装备优良、责任心强的消防队伍。

消防措施。近期对刁氏大宗祠、继美堂、居安堂和刁振翎故居四处重点木结构建筑进行安装室内防火报警器，完善历史建筑内的防火技术设施。

古村落内部结合池塘周围、绿地、广场等用地设置紧急疏散场地，紧急疏散场地应保证全天候开放，且不得堆放杂物或改作他用。古村内各巷道设置指示路牌，以便火灾时游客迅速、顺利疏散。

结合村内道路网的规划，主要道路须保证有3.5米以上的消防通道。近期保护区内根据实际情况采取分散布点、重点消防的措施，设置水池、水缸和灭火器材等消防设施和设备。远期在古村内主要道路按120米间距配套设置室外消防栓，确定需要建设消防栓22个。消防栓采用地埋式或墙嵌式，但要有醒目的标志，消防栓的布置尽可能与绿化、建筑小品的布置相结合，以免妨碍景观。消防给水系统与生活生产给水系统合并，消防给水由供水管网统一供给，并保证环状双向供水。消防给水的用水量、管径均要满足消防用水规范要求，提供消防安全保障。

在不能满足消防通道要求的巷道和传统砖木结构建筑集中的地段，设置干粉灭火器和一些其他消防设施和设备。同时，把村内部水塘、东西两侧的水系以及南侧的沂江作为发生火灾时的临时取水点。

古村的砖木结构古建筑在更新改造过程中，首先应该考虑防火问题，尽可能采用防火建筑装饰材料或对建材进行防火阻燃处理，提高建筑物防火、耐火等级。

建立村一级的义务消防队，完善消防设施的配置，组织培训村内护林防火人员兼任村庄防火安全员，实行村内防火管理责任制。

加强村民的消防安全教育，提高村民的消防意识和防灾救护能力。对有关人员进行基本的消防知识，包括消防设施操作方面的培训，做到群防群治。

消防安全。禁止在建设控制地带范围内堆放柴草、木材等易燃可燃物品。严禁将易燃易爆物带入古建筑内。

在重点要害场所设置“禁止烟火”的明显标志。在指定地点进行点灯、烧纸、焚香等宗教活动，配备灭火设施，并设专人看管或采取值班巡查措施。

在保护建筑内安装电灯或其他电器设备，必须经文物管理部门和公安消防部门批准，并严格执行电气安全技术规程。

定期组织防火安全检查，及时排除火灾隐患。

安排古建筑保护所需要的兼职消防安全员（图5-2-6）。

5.2.7.2 防洪规划

湖洲村地区多年平均降水量1650毫米，4～6月占47%，7～9月占21%。多年平均气温17.7℃，极端最高气温40.5℃，多年平均最大风速13.2m/s，多年平均蒸发量1460毫米。

地区属丘陵地形，基本沿沂江河边河漫滩及一级阶地展布，地势基本平坦，略有起伏，中间夹有小山丘，主要为河滩地、农田与村庄，植被覆盖较好，水土流失不严重。目前该地区排雨水方式基本为地表自然排放，村内原有的水圳系统基本尚处于废弃状态，没有起到排水调节的作用。

6 | 7

图5-2-6　**综合防灾规划图**
（图片来源：作者自绘）

图5-2-7　**防洪护岸修筑**
（图片来源：作者摄）

防洪规划措施。原则上按照二十年一遇的标准，安排各类防洪工程设施。近期对沂江沿岸的重点地段进行修补、加高加固，设置一些必要的护岸设施，确保临河建筑物与河道保持一定的防护距离（图5-2-7）。

对水圳系统进行整治和恢复，对废弃的排水沟渠系统进行清洁、疏浚。应当集合村内建筑与街巷风貌的整治逐步予以一定程度的恢复。同时，建议在村内主次干道两侧设置明排水沟，将雨水引至雨水储蓄窖回收利用。

保持村东西两条水系两侧的景观绿化植被不被破坏，加强水土流失治理，减小地表径流，削减暴雨时洪峰流量。村庄临水建筑物与护岸保持15米以上的防护距离，局部地段做硬质护坡处理后应保持10米以上的防护距离。新建设施距离排洪沟边缘不少于15米。

此外，村落的防洪兼顾地质灾害防治。如村庄山脚下地处滑坡、泥石流、塌陷等地质灾害易发区，在用地布局上，应避开可能发生的各类地质灾害区进行村庄的建设，注意对山脚地带进行建设的避让。

5.2.7.3　地震灾害防治规划

江西境内中强地震活动主要分布在赣南和赣北地区。湖洲地处峡江县水边镇，处在赣中地区，该地区地震活动稀少，仅发生破坏性地震两次，最大地震5级。在公元304年吉水永丰间发生5级地震，1792年安福发生4级地震。

湖洲村所在区域范围的构造作用和地震活动均较弱，为弱地震活动区。区域附近有湖口–新干断裂，该断裂在早、中更新世期间有过活动，但目前没有在近地表发现断错第四世纪地层的证据。从公元304年至今，区域范围内未记录到破坏性地震，根据新修订的《中国地震动参数区划图》中关于地震动加速

度值分区的规定，水边镇在《乡（镇）及县级人民政府所在地城镇地区Ⅱ类场地地震动峰值加速度和地震动加速度反应谱特征周期表》中峰值加速度分区值为0.05g，反应谱特征周期分区值为0.35s，区域地震烈度为Ⅵ度（6度）。

依据《中华人民共和国防震减灾法》和《江西省防震减灾条例》的规定，两村新建、扩建、改建一般建设工程按照Ⅵ度要求进行抗震设防，对学校、医院等人员密集场所的建设工程应当按照高于Ⅵ度要求进行抗震设防。建筑设防标准应满足《建筑抗震设防分类标准》（GB50233—95）的规定。

5.2.8　环境保护规划

根据村庄生态环境现状，在规划期内，湖洲村的大气环境质量应达到国家《环境空气质量标准》（GB3095-1996）规定的一级标准要求，水环境质量应达到国家《地表水环境质量标准》（GB3838-2002）规定的Ⅱ类以上水质标准要求，声环境质量达到国家《城市区域环境噪声标准》（GB3096-93）规定的相应功能区域环境噪声标准要求。

逐步改变现有农户的能源使用结构，提高燃煤燃烧效率，鼓励使用电、燃气、沼气等优质清洁能源，减少废气排放量。

大力保护村域周边林木资源，鼓励植树造林和封山育林，提高森林植被覆盖率，改善大气环境质量。

对村民以及各种旅游服务设施所产生的污水，全部统一收集，汇入污水处理厂，经深度达标处理后，用于村内的果园浇灌，实现污水再生利用，减少污水排放。

加强对现有水体水面的保护，在规划范围开发建设过程中严禁侵占、污染水面。

大力开展节水、水污染防治宣传教育工作，提倡节约用水，建立行之有效的节水措施。

尽快完成村庄排水工程的建设，将村民的生活污水统一收集至污水处理设备，污水处理达到国家排放标准后方可排放，防止水塘、地下水的水质受侵蚀污染。

5.3　旅游产业发展

我国传统村落面临的普遍问题是如何解决好农村产业发展和提高农民收入，这也是村庄保护规划的一项重要内容，即如何引导村庄未来的产业发展，实现村民致富，收入提升，真正做到务实的规划，有效的引导，在宏观发展层面和微观管控层面共同作用下，积极引导村庄的可持续发展。

湖洲村其历史悠久，生态优越，文化和自然资源丰厚，亟待开发利用，村民参与程度较高，具有保护和共同开发维护的热情，这是村庄未来发展文化旅游、生态涵养以及相关文化产业的一个重要基础条件，所以，村庄规划中进行了旅游发展研究。旅游专题研究具有突出的现实指导意义和推广参考作用，可为未来有效指导此类村落展示利用和可持续开发提供探索和方法，并为村落的保护与发展之间的关系厘清思路，积极推进以保护带发展，以发展促保护的可持续循环理念。

本节在研究湖洲村旅游发展条件基础上，解析湖洲村地脉和文脉特征，对湖洲村旅游资源与环境进行总结。分析湖洲村旅游现状与问题，提出湖洲村旅游发展的方向，以古村文化与生态环境为依托，总结传统村落旅游发展的整体思路。

5.3.1 村落旅游发展现状分析

5.3.1.1 湖洲村旅游发展尚处起步阶段

湖洲村旅游发展尚处于起步阶段。2012年游客接待量为3.75万人次，同比增长25%；旅游综合收入为94.5万元，同比增长21.3%。可以发现，湖洲村旅游基础较弱，规模较小，然而发展速度却较为迅速（表5-3-1、图5-3-1、图5-3-2）。

峡江县与湖洲村旅游统计表　　表5-3-1

区域	指标	2008年	2009年	2010年	2011年	2012年
峡江县	旅游接待人次（万）	6.25	7	8.25	9.25	10
	旅游综合收入（万元）	137.5	168	247.5	286.875	356.25
湖洲	旅游接待人次（万）	0.75	1.25	2	3	3.75
	旅游综合收入（万元）	18.75	32.55	53	77.875	94.5

湖洲村旅游住宿设施仅有一家农家旅馆，三家旅游商品经营店，旅游从业人员共七人。目前村落只有一条土路与县城连接（图5-3-3），游客中心、旅游标识、导游解说等基本旅游服务设施还没有建设。

5.3.1.2 江西古村镇旅游格局中的湖洲

江西古村镇生态环境一流、文化底蕴深厚、田园风光秀美、交通条件便利，发展乡村旅游具有得天独厚的优势。省委、省政府高度重视乡村旅游的发展，省政府办公厅专门印发了《关于加快发展乡村旅游的若干意见》，研究部署推进全省乡村旅游快速发展的政策

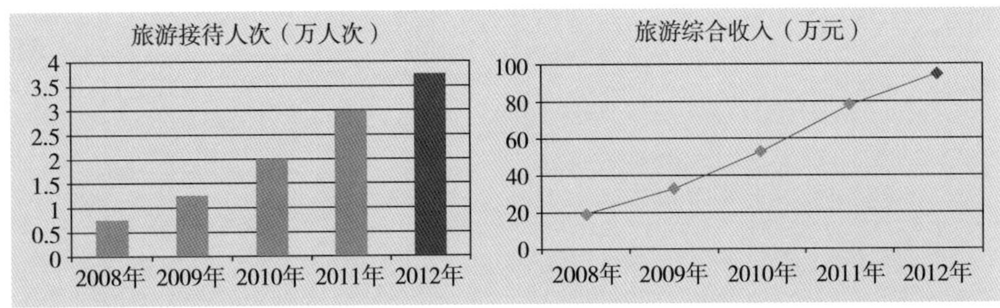

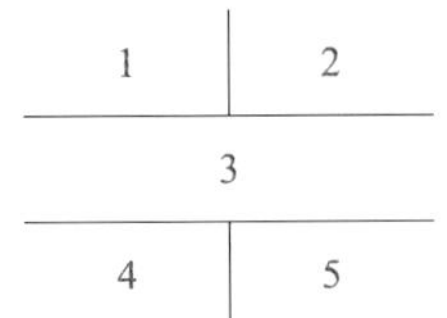

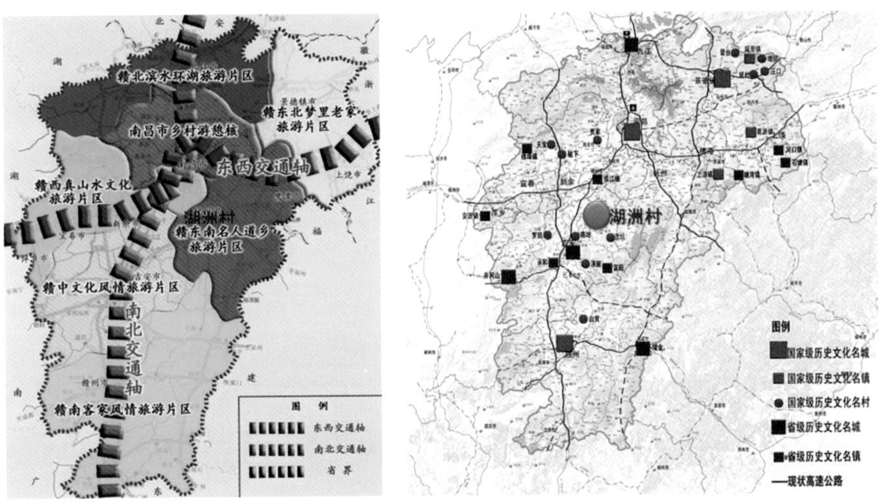

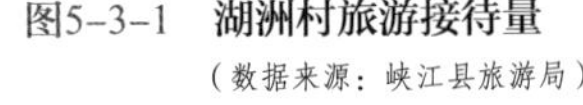
图5-3-1　**湖洲村旅游接待量**
（数据来源：峡江县旅游局）

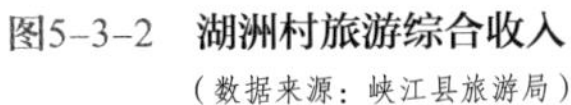
图5-3-2　**湖洲村旅游综合收入**
（数据来源：峡江县旅游局）

图5-3-3　**村前的土路是目前湖洲村的主要出入通道**
（图片来源：作者摄）

图5-3-4　**江西乡村旅游空间结构**
（图片来源：《江西省乡村旅游发展规划（2013-2017）》）

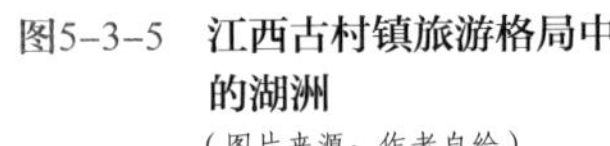
图5-3-5　**江西古村镇旅游格局中的湖洲**
（图片来源：作者自绘）

措施。《江西省乡村旅游发展规划（2013—2017年）》中规划江西乡村旅游空间结构为“一核、两轴、六片区”（图5-3-4）。湖洲村位于东西交通轴与南北交通轴的交汇点，并地处赣中文化风情旅游片区。同时，该规划将峡江县湖洲古村建设项目列入了江西省乡村旅游重点景区建设项目。

湖洲村旅游具有区位和政策的双重优势（图5-3-5），但江西省内古村古镇众多，江湾、钓源、渼陂等古村享誉全国，因此湖洲村需坚持差异化、特色化的发展道路，发掘和塑造湖洲古村旅游特色，保持自身的旅游竞争力。根据湖洲古村的人文特点，全方位展示丰富多彩的庐陵文化。深入发掘当地民俗文化资源，以湖洲古村为载体，开展特色展示、特色旅游活动，包括开发文化演艺、文化展示、文化体验等旅游项目。

5.3.2 湖洲村旅游发展目标和途径

5.3.2.1 旅游发展定位目标

湖洲村旅游利用的核心是"控制空间扩张，丰富旅游产品"，基于该目标，提出湖洲村旅游发展的定位是在整体保护的基础上，以山水形胜、乡野田园为背景，以特色浓郁的庐陵文化为依托，以名人文化体验、古村特色游赏、民俗文化休闲为主体，构建高品质的古村文化休闲旅游区。

旅游发展目标是将古村保护与文化旅游有机融合，使湖洲古村发展成为峡江乃至吉安旅游的核心品牌，江西京九线旅游线路上的重要节点，成为当地社会经济发展的重要引擎，带动农民增收。

5.3.2.2 旅游发展途径

以古村旅游资源为基础、以文化旅游市场为导向，建设古村游览、文化体验、民俗休闲三大主导旅游产品，田园观光、生态休闲、农作体验三大辅助旅游产品，以及寻根、摄影、考察等专项旅游产品。形成多元互补发展、精品带动、整体联动、特色突出的旅游产品体系。

在古村旅游发展中，按照与景观环境相协调，绿色生态；体现庐陵文化和湖洲特色；统筹协调，与村域的整体发展相适应；关注游览要素间的协调，形成良好衔接；以资源适应性和环境承载力为基础；面向客源市场、服务对象，强化参与性、体验性等原则，对旅游内容和项目进行筛选引导（表5–3–2）。

项目筛选引导内容表　　表5-3-2

管理类型	筛选引导项目内容
鼓励实施类	入口景观提升 游览古街 名人故居景点 手工作坊展示 宗族文化展示 民俗住宿接待 农家餐饮设施 特色购物设施 观景设施（注意景观协调） 传统文化节庆 特色文化演艺 景区游客中心（注意景观协调） 旅游标识系统（注意景观协调）

续表

管理类型	筛选引导项目内容
慎重引入类	沂江漂流（研究水流条件、风貌协调等） 牛马车游览（视风貌协调性、卫生条件等） 简易饮食店（视风貌协调性、卫生条件等） 野营地（视风貌干扰性等） 文化主题度假村（视用地条件、文化协调性等） 日常用品店（视风貌协调性、卫生条件等） 影视外景地（视影视文化主题与古村协调性） 传统射击、射箭等运动（视文化协调性等） 垂钓等（视用地条件等） 采摘等农林活动（与农民合作经营）
限制列入类	城市快餐、外地餐饮（防止特色消失） 大型饭店、旅馆（防止对古村风貌的侵蚀） 大超市等（防止对古村风貌的侵蚀） 动漫游戏等（防止对古村风貌的侵蚀） 真人CS等（防止对古村风貌的侵蚀） 篮球、排球等球类运动 大广场等城市设施 碰碰车等游乐设施

5.3.3 湖洲村旅游发展重点

5.3.3.1 旅游交通的改善

改善湖洲古村的交通状况，提高湖洲村的可进入性。通过旅游公路、停车场站、旅游公交等交通设施的建设，将湖洲村纳入峡江县甚至江西省的旅游格局之中，提高其旅游吸引力。一是加强湖洲村与井冈山国际机场的快速通道建设；二是将现有村落与峡江县城连接的土路公路升级改造，适应旅游功能需要；三是湖洲村内部的道路完善建设，在保留原始风貌的基础上提高游览的便利性和趣味性。

5.3.3.2 旅游接待服务体系的完善

湖洲村目前旅游接待设施几乎空白，未来湖洲村旅游发展需要按照高等级旅游景区的要求进行旅游接待服务设施的配套，应建立健全旅游接待服务体系，重点建设旅游综合服务中心、旅游解说、旅游标识系统。

5.3.3.3 旅游环境的保护和改造

湖洲村目前旅游环境条件不能对游客构成吸引力。村容村貌保护不够，现代建筑对传统民居的文化环境造成冲击（图5-3-6），弱化了旅游特色。村内村外卫生设施缺乏，导致古村环卫条件不佳。湖洲村旅游发展，要保护古建筑，保持好传统村落整体格局和风貌，改善卫生条件，重现田园古村风貌。

图5-3-6 沂江散布的垃圾是对优美山水田园环境的破坏
（图片来源：作者摄）

5.3.3.4 旅游内涵的丰富

文化是旅游的灵魂，在江西省众多村落中，湖洲村丰富的文化并未得到挖掘和利用，目前的湖洲村并未体现丰富的旅游内涵。古村堪舆格局、名人文化、宗祠文化等尚处于旅游资源待开发阶段。未来湖洲村旅游发展要加强文化展示，丰富文化演艺，完善民俗休闲内容。

5.3.4 旅游发展的软环境保障

合理的政策引导不仅是古村落旅游规划实施和管理能够顺利进行的保证，还有助于将有限的资金投入到保护的重点上，并吸引更多的人力、物力、财力投入到古村落的保护和发展上来。对于很多村落来说，软件或者说软环境建设是严重短板，包括管理水平、服务条件、村民素质、从业人才等。但是，对广大农村地区，过高的旅游软环境建设目标并不现实，也无法实现，但是针对我国传统村落近些年旅游发展的经验来看，至少在管理水平和生态环境维护两个方面要做好基础工作。前者是提升旅游产业发展的队伍保障，后者是保持旅游资源优势可持续发展的保障。

5.3.4.1 管理水平提高

建立专家顾问团队，为古村景区的重大决策与发展方向提供帮助，定期或不定期对景区工作给予指导；根据需要培养或引进导游人才，同时做好社会主义新型农民的人才培养，提高村民的整体素质，适应景区未来的发展需要；加强县里管理干部和村委工作人员的旅游管理和服务培训工作，将培训结果纳入领导干部考核参考指标，逐步提高管理水平。

5.3.4.2 生态措施

以保护为前提，以资源的高效利用和循环利用为核心，努力使景区以尽可能小的资源消耗和环境成本，获得尽可能大的经济和社会效益，实现环境效益与经济效益的双赢。以“减量化、再利用、资源化”的基本原则，在旅游能源消费中推行绿色清洁能源，旅游活动中倡导绿色消费；尝试将旅游景区的经营者、组织者和管理者与旅游活动的生态化、景观资源的可持续发展责任联系起来，对成效突出的进行奖励，对产生影响的实施教育。

5.4 保护规划实施要点及措施

5.4.1 近期实施内容与重点

近期保护规划的重点内容主要是对湖洲古村进行环境整治，改变村庄卫生状况，提升整体环境品质；并对古村内部分文物古迹进行抢救性保护；同时还包括基础设施建设和门户节点整治等内容。

5.4.1.1 对部分文物古迹实施抢救性保护

对包括习氏大宗祠、文名世第宅、习振翎故居在内的几处年久失修的文保单位和历史建筑进行抢救性保护，制止文化遗产的进一步损毁。逐步完成全部文保单位和历史建筑的保护修缮，并投入专项资金，加强日常维护管理。

5.4.1.2 古村保护范围内建设控制

在古村核心保护范围内停止对古村格局风貌造成破坏的建设项目，控制新建农宅建设，避免新建多层大体量建筑对古村风貌的进一步破坏。

对古村入口进行集中整治，清除周边私搭乱建，完善绿化；对入口景观界面进行整治，规划整治入村口沿江景观界面，提升古村第一印象；在古村入口处建设一处旅游服务中心；完成古村西侧旅游集散停车场和广场的建设；疏通保护范围内的水圳、水塘、沟渠和溪流，并按规划要求对已损坏的水圳进行保护维修，对需恢复的水圳进行恢复，使之成为完善的水圳系统。

5.4.1.3 基础设施及卫生环境改善

基础设施改造工程启动，包括给排水、电力电信和综合防灾工程，本着先地下、后地上的原则，为后续改造工程奠定基础，重点建设排水排污设施。

近期抓紧实施古村环境卫生的治理，彻底改观古村卫生状况。对古村内的垃圾与杂草进行清理整治，完成垃圾收集点和垃圾箱的设置。对水塘、水渠进行疏浚，净化河流水塘。

5.4.2 村庄保护整治与发展建设的投资估算

规划投资估算主要包括遗产保护、环境整治、服务设施、基础设施、展示服务等几个方面。投资估算以近期为重点，远期工程项目的估算可作为参考（表5–4–1）。

规划投资估算一览表 表5-4-1

项目分类	具体内容	工程量	单价（元）	经费（万元）	备注
文物保护单位抢救性保护、修缮	文名世第宅	418m^2	1500/m^2	62.8	包含继美堂、榜堂、门楼
	刁氏大宗祠			50.0	后期具体修缮经费应以建筑保护设计经费估算为准
	古戏台	73m^2	1500/m^2	11.0	以装饰细节修复为主
	刁振翎故居 部分历史建筑	800m^2	1500/m^2	120.0	
建筑遗迹恢复	科甲世第	193m^2	2000/m^2	38.6	不包含建筑保护设计经费
	华英书院	202m^2	2000/m^2	40.4	不包含建筑保护设计经费
历史建筑修缮		2768m^2	800/m^2	221.4	
建筑立面改造		12649m^2	200/m^2	253.0	
建筑拆除		2767m^2	200/m^2	55.3	不包含拆除补偿经费
环境整治	绿地与水体初步治理	12100m^2	200/m^2	242.0	不包含远期治理经费
水圳系统整治、恢复		5825m	500/m	291.3	包含水圳疏浚、沟渠修复、恢复建设等工程
村庄公共服务设施	公交站			25.0	
	老年健康活动中心 计生指导站、医务室	900m^2	2000/m^2	180.0	
	杂货店 餐饮小吃店	1500m^2	2000/m^2	300.0	
	村民活动中心 图书室 信息服务站	2300m^2	2000/m^2	460.0	
	文艺活动广场	3000m^2	200/m^2	60.0	

续表

项目分类	具体内容	工程量	单价（元）	经费（万元）	备注
村庄公共服务设施	村委会改造	1400m^2	2000/m^2	280.0	
	集中养殖的猪圈、牛棚	1000m^2	1000/m^2	100.0	
基础设施与游客服务配套	游客服务中心	1000m^2	2000/m^2	200.0	包含旅游信息材料经费
	停车场	2000m^2	180/m^2	36.0	
	公共厕所	2个	15000万/个	3.0	
	路灯及景观灯	20个	2000/个	4.0	
	标识牌	10处	10000/个	10.0	
	观景台	2处	300000/个	60.0	
	垃圾箱	17个	1500/个	2.6	
	市政管网及基础设施建设	9600m	30000/m	288.0	
道路整修	新建车行道	2000m	500/m	100.0	
	车行道路面整修	2100m	300/m	63.0	
	步行道路面整修	5500m	150/m	82.5	
文化展示与经营项目	特色米粉餐厅	2处		20.0	为补贴资金
	麻糍店铺	2处		20.0	为补贴资金
	烤烟作坊	2处		20.0	为补贴资金
	剪纸工艺坊	1处		10.0	为补贴资金
	竹编工艺作坊	1处		10.0	为补贴资金
合计				3719.8	

5.4.3 规划实施与管理措施建议

规划的实施是古村落保护与发展的重要一环，本次规划实施重点在于对古村保护与发展的实施引导上做文章，切实落地，促进村民参与，共同促进古村的可持续发展。所以，各个专项的规划实施与管理引导内容已经落实在相应的章节之中，本节主要在管理和政策方面，结合我国乡村管理制度特点提出规划实施管理的建议。

合理的政策引导不仅能够保证规划的实施和管理顺利进行，还有助于将有限的资金投入到保护的重点上，并吸引更多的人力、物力、财力投入到古村落的保护和发展上来。

古村落保护是公益性行为，而非开发性行为，政府政策的制订和实施必须以此作为出发点。政府政策主要包括行政措施和经济措施。

5.4.3.1 行政措施

建议县政府成立“湖洲古村落保护管理办公室”，制订古村落保护和建设制度及程序，如《湖洲历史文化名村保护办法》，对古村落保护做出具体的措施规定，负责对古村落的保护和建设进行指导、协调、监督，所有保护建设活动由古村落保护管理办公室协同实施。古村落保护管理办公室要积极协调古村落保护开发过程中的各种利益冲突，维护村民的正当权益，并与规划设计部门进行密切沟通，防止市场开发对古村落可能产生的破坏性行为，对于违反规划进行开发建设的单位和个人实施明确的处罚。任何单位和个人有权报告、检举和制止破坏、损坏古村落历史文化资源和环境的行为。设立小规模公益基金，对保护工作有突出贡献的单位和个人进行奖励。

湖洲古村落保护管理办公室应广泛宣传古村落保护的重要性，逐步形成全社会对古村落保护意义和价值的共同认识，鼓励公众参与古村落的保护工作，同时还要正确处理古村落保护与社会主义新农村建设之间的关系。

古村落保护管理办公室应利用好现有的湖洲村文物保护小组，在此基础上扩大成立建筑保护利用咨询小组，由当地热爱古村落文化、熟知古村落历史、懂得传统民居建造知识的民众以及相关专家组成，随时监督历史建筑，以及各类其他建筑的修缮、整治、恢复、维护等工作，以保证古村落在修护整治过程中保持原真性，达到修旧如旧的目的。小组应加强日常维护督察工作，及时发现古村落保护开发过程中的各种问题，并提出处理意见或建议，由古村落保护管理办公室积极协调解决。

5.4.3.2 经济措施

经济措施主要涉及对历史文化保护资金的募集和应用，及对古村落内涉及房屋产权的经济行为的政策引导。具体有以下几条：

设立保护专项资金。保护专项资金包括国家财政性拨款、地方财政性拨款、集体单位、社会赞助、行政调拨、旅游收入等。保护专项资金主要用于古村落内历史建筑的修缮整治，改善古村落内的生活设施，提高村民生活质量。

对于古村落的开发建设中符合古村落保护规划规定的开发主体可以给予贷款利率和开发补偿的优惠政策。

针对核心保护范围内的历史建筑和传统风貌建筑，通过政府补贴，设立专门的低利率贷款资金，鼓励村民利用此资金对房屋进行自主修缮维护。首先保障原住民村民使用。对无力自修的村民，可考虑收购或置换房产，引导人口外迁。

拓展融资渠道。运用市场机制，通过多种融资渠道和特许经营方式，吸引实力企业参与古村景区开发建设。通过融资，积极争取形成规模化投资。

第6章

湖洲村规划实施效果

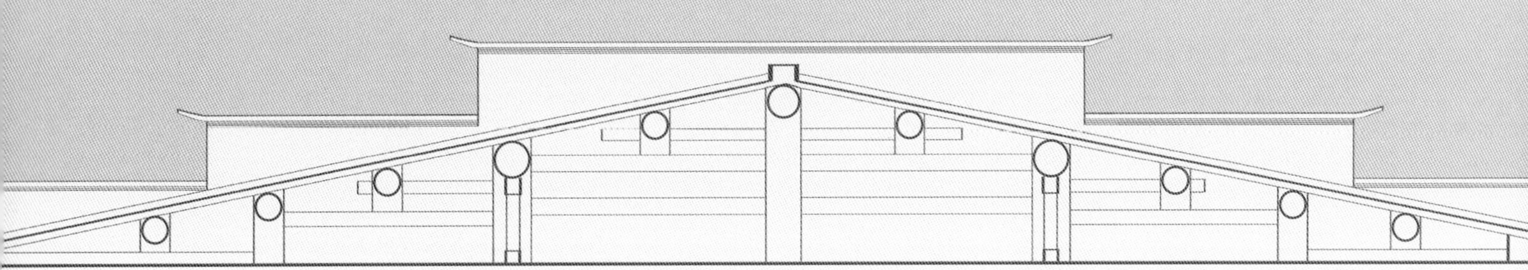

6.1 近年湖洲村保护工作概况

江西省和峡江县非常重视湖洲村的保护发展，江西省住房建设厅有关部门和领导多次到湖洲村进行保护发展工作指示，对《江西省峡江县湖洲村历史文化保护规划》组织了省内外专家把关的认真审查，保护规划得以顺利批复实施。同时，峡江县也高度重视湖洲村历史文化保护，2013年作为县里的重要工作来抓，领导峡江县文化馆、博物馆等单位在文物三普调研的基础上，对湖洲古村内文化遗产进行了系统梳理，摸清了家底，并划定了各文物保护单位保护范围。对古村历史沿革、文化脉络和优秀传统文化进行了全面调查。陆续委托完成了多项保护、利用、发展规划。

其中，2010年峡江县组织编制了《湖洲古村保护规划》，是对湖洲古村进行的第一次系统规划研究工作，初步划定了保护范围并制定规划措施。由此，经江西省政府批复，湖洲古村被列为第四批省级历史文化名村。

2012年峡江县启动湖洲国家级历史文化名村申报工作，建设局专门成立了申报工作小组，协调各部门推动保护工作的进行，调动宣传、档案、文化文物、教育、旅游等多专业人员系统收集、整理出湖洲相关历史文化文献资料，为后续各项工作展开奠定了一个很好的基础。

2013年，由江西省文物保护中心进行编制了《湖洲刁氏大宗祠维修工程方案》。同时，湖洲古村成立村文物保护小组，专门制定保护制度和古村环境整治管理要求，对文保单位和历史建筑进行日常维护。

2013年，峡江县政府委托中国城市规划设计研究院编制了《江西省峡江县湖洲历史文化名村保护规划》。以此为基础，湖洲村又委托盐城市规划市政设计院有限公司编制了《峡江县水边镇湖洲村江边自然村村庄规划》，该规划侧重为村庄发展进一步明确定位及产业发展方向，提出产业结构优化调整的措施，指导湖洲行政村的整体协调发展。

与以往的保护规划编制工作不同的是，中国城市规划研究院的保护规划完成后，规划编制小组并没有就此结束，而是一直持续性地关注湖洲村的规划实施，2014～2017年间，编制组多次返回湖洲村给予尽力的服务和指导，保护规划中的很多内容得到有效贯彻。以下的情况即是2017年底湖洲村回访时的实施效果。

6.2 古村历史文化保护

6.2.1 村域历史环境保护情况

湖洲村村域面积29.6平方公里。在《江西省峡江县湖洲村历史文化保护规划》中，针对湖洲村周边突出的自然山水环境，保护规划着重对与村落相关的地形地貌、河湖水系等历史环境提出保护要求。包括保护狮子山、长龙山、远山和蜈蚣山所环绕的古村山体背景环境等。目前看，山体与村庄之间开阔的视线关系未受破坏，建筑高度与风貌得到有效控制，村庄建设用地的拓展方向和规模得到有序的引导和合理控制，古村外围“六水汇江”的水系格局保护完好，与古村发展密切相关的农田耕地未受破坏。

6.2.2 村落格局和整体风貌的保护情况

湖洲古村落的山水格局和整体环境特色价值突出，体现了我国古代村落选址、择地而居的传统形制，是研究古村落环境学、生态学的重要样本。古村山水格局十分清晰。

保护规划重点集中在湖洲古村范围，古村由三条河流围合而成，包括沂江和它的两条支流，南至沂江北岸，东西至沂江支流水系，北至山脚南侧，占地面积21.4公顷。湖洲古村保护范围内的格局和整体风貌得到较好的保护。

从格局来看，村内历史街巷宽度、两侧建筑的高度和立面形式没有发生改变，沿历史街巷没有再建造新房，核心保护范围内随意架建、改建、翻建的现象有效得到遏制。古村内部的传统水圳系统至今保存十分完整，并且一直在使用，古村的排水、小气候调节、灌溉给水、防火以及开放空间的组织都依托水圳系统展开。目前该系统得到了较好的保护。历史街巷内的古井、排水体系、古树、院落等保持良好。

从古村内的整体风貌看，作为滨水村落，沂水的临江景观界面的保护尤为重要。因此，最主要的工作是县里和村里下了大的决心，依据保护规划对村口周边滨水界面进行了整治。原来简陋、破败、存在安全隐患的数百平方米的村民违章自建房和临时建筑拆除了，原来堆积在建筑角落里的垃圾和院子中的杂物一并随着建筑被清理掉，村落中核心保护范围内集中成片的传统建筑展露出来；建筑清理后的地面进行了铺砌；被砍掉的古樟树重新移栽回来，

重现了“古树村口守望”的典型赣中地区传统村落风貌。可以说，村口滨水环境和滨水界面的改善对古村风貌维护起到了非常重要的作用和突出的效果（图6-2-1、图6-2-2）。

另外，以村口为节点，沿江北岸修建了大约两公里的沿江景观道路，修复了村口两侧400米左右的驳岸和三处古码头。村内巷道地面清理了建筑垃圾和杂物，局部出现破损的传统鹅卵石或石板地面适当修补后（图6-2-3），风貌效果很好。

1

2

图6-2-1　**湖洲村整治前滨水界面**
（图片来源：作者摄）

图6-2-2　**湖洲村整治后滨水界面**
（图片来源：作者摄）

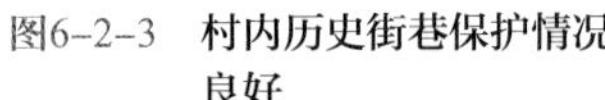

图6-2-3 村内历史街巷保护情况良好
（图片来源：作者摄）

6.3 交通环境明显改善

作为湖洲古村联系外界的唯一通道，目前仅有的一座老桥梁，原来是人行为主，随着村内机动车增加，也在通行机动车。但是老桥标高太低，经常水淹，通行和承载能力均不足，存在交通安全隐患。2016年，县政府和湖洲村委联合，在古桥西侧紧邻位置新建了一座机动车通行桥梁，并已开工建设。此桥桥面较宽，尺度过大，完全采用现代钢筋混凝土材料，建成后将会对古村滨江

1

2

图6-3-1　原计划修建的桥梁（已停工拆除）
（图片来源：2017年作者摄）

图6-3-2　沂水上游异址新建的桥梁
（图片来源：2017年作者摄）

景观造成较大影响，同时对核心保护范围带来较多的机动车交通，对古村保护产生负面影响。2016年保护规划小组在回访中看到并提出了这个问题。依照湖洲村保护规划，经过规划小组与县政府和村委会商议，对新桥的位置进行了调整，改在古村西侧约两公里的沂水上游建设，避开古村核心保护范围。尽管这样会给资金严重缺乏的县政府和村委会带来压力，但是，为了有效落实保护规划，县政府和村委会依然放弃了原来的计划，积极坚定地执行保护规划要求，很快开工修建的桥梁被拆除，建筑废渣全部清理干净，并恢复了原始驳岸。2017年底上游新建桥梁也已经完工通车，有效疏解了古村交通（图6-3-1、图6-3-2）。

6.4 建筑修缮更新与内部提升改造

古村内的文物保护单位有习氏大宗祠、文名世第宅、习振翎故居等八处，历史建筑有习六生民宅、居安堂、村委主楼等16处。目前，文物保护单位均已挂牌保护（图6-4-1），历史建筑也已经挂牌。

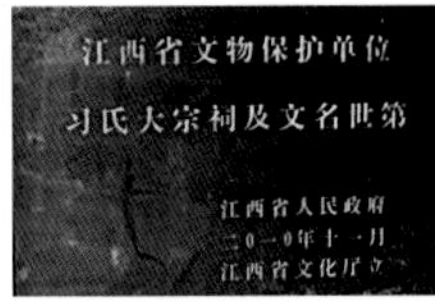

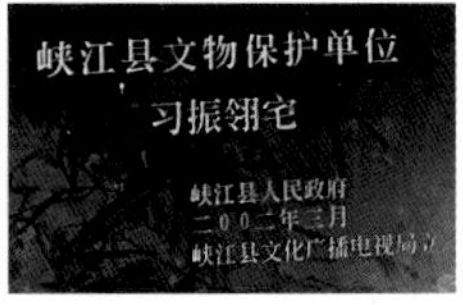

图6-4-1 部分文物保护单位挂牌情况
（图片来源：作者摄）

2013年，江西省文物保护中心编制的《湖洲习氏大宗祠维修工程方案》对习氏大宗祠进行了价值评估，认为其建筑规模较大，装饰、雕刻精美，主体建筑保存较完好，具有较高的历史价值和艺术价值。维修工程方案认为习氏大宗祠应进行全面维修和局部复原，其中维修的项目包括墙体、墙面、屋面、天花、门窗、天井、雕刻等。

首先，对建筑主体结构进行安全加固。在建筑加固中，一方面最大限度地保留了原有的构件，对危及建筑结构安全的构件予以替换，建筑主体结构安全性得到完全保障。另一方面对缺失的部分依照原有风貌进行复原，建筑主厅和侧廊进行了同样的修复整理。目前通过开辟为村史馆把建筑合理利用起来，建筑内部环境也得到提升改善。

其次，修复了建筑立面和院落空间部分。习氏大宗祠的大门长年缺少维护，已经出现朽烂歪斜迹象，修复时采用原材料原形式替换了原腐朽的大门。对门口“山环水绕”的匾额进行了保护性的清理，最大限度地保护了原有的大门风貌。对宗祠前广场的地面铺装采用青砖进行了重新铺设。完成了瓦片受损部位更换。

目前，习氏大宗祠维修工程实施完毕，总体来看实施效果良好（图6-4-2～图6-4-11）。

另外，对村中最具代表性的近现代建筑村委会楼和戏台也进行了修缮。村委会楼建于新中国成立至20世纪70年代，最初是一座礼堂。建筑立面采用简单构建进行横向划分，女儿墙采用半圆曲线增加立面的丰富感，门窗均为木质材料，主体为砖石结构，质量良好，反映出20世纪70年代典型的经济适用的建筑设计理念。对该建筑的整治主要是风貌恢复，清理立面不文明的涂抹粘贴，进行卫生清理，局部破损修补。

2	3
4	5
6	7
8	9

图6-4-2 习氏大宗祠大门原状
（图片来源：作者摄）

图6-4-3 习氏大宗祠大门修复
（图片来源：作者摄）

图6-4-4 习氏大宗祠修复前的广场碎石地面
（图片来源：作者摄）

图6-4-5 习氏大宗祠修复后的广场青砖地面
（图片来源：作者摄）

图6-4-6 习氏大宗祠天井修复前
（图片来源：作者摄）

图6-4-7 习氏大宗祠天井修复后
（图片来源：作者摄）

图6-4-8 习氏大宗祠修复前
（图片来源：作者摄）

图6-4-9 习氏大宗祠修复后
（图片来源：作者摄）

10	11
12	13

图6-4-10　习氏大宗祠侧廊修复前
（图片来源：作者摄）

图6-4-11　习氏大宗祠侧廊修复后
（图片来源：作者摄）

图6-4-12　村委大楼修缮后
（图片来源：作者摄）

图6-4-13　戏台修缮后
（图片来源：作者摄）

戏台是民国时期进行过修复的历史建筑，整治主要是局部栏杆修补替换、周边垃圾清理、墙体涂抹粘贴清除等。依旧保持节假日演戏、日常村民集聚交流、农忙时节晾晒等功能。村委会楼和戏台修缮效果如图6-4-12、图6-4-13所示。

6.5　优秀传统文化与非物质文化遗产保护传承

湖洲村传统文化遗存较为丰富，现存主要为传统手工技艺，总计10项，其中包含一项与峡江县关系密切的非物质文化遗产项目，现为省级非物质文化遗产的峡江米粉制作技艺，其余包括剪纸、民歌、节庆等传统文化也十分丰富。

但是在试点实施前，湖洲村缺乏对优秀传统文化的普查和资料收集，如湖洲采茶戏、湖洲民歌、湖洲剪纸、湖洲打麻糍、竹编、木雕技艺等，缺乏相关影像或文字信息的整理。同时，传统文化的传承与展示空间不足，缺少

1 | 2

图6-5-1　**村史馆内非物质文化遗产展**
（图片来源：作者摄）

图6-5-2　**村史馆建设（习氏大宗祠内）**
（图片来源：作者摄）

专有的公共空间对优秀传统文化进行研究和传承。缺少系统的展示和合理利用，对外宣传力度不足。

目前，湖洲村对其村内传统文化遗存进行了系统的整理，在新修缮完工的习氏大宗祠中设立了村庄非物质文化遗产展（图6-5-1、图6-5-2）。成为展示古村历史、传承优秀传统文化的公共场所，得到了村民一致好评。戏台修缮后也成为村民公共文化活动、展示村内传统文化的重要场所。

6.6 村民收入提升与就业状态

自2013～2017年，湖洲村村民整体生活条件得到逐步改善，贫困户逐年减少，村集体及村民收入逐年增加。2017年重点解决交通、电力、农田水利，就医就学基础设施“最后一公里”问题，实现有劳动能力的扶贫对象全面脱贫，无劳动能力的扶贫对象全面保障。

实施了“四个一”的产业扶贫工程（即一片烟、一株药、一块林果、一人务工）的产业规划，发展完善“支部+合作社+贫困户”的产业发展模式，逐步培育出适合村落实际情况的脱贫产业（图6-6-1、图6-6-2）。

湖洲村加强了旅游服务设施的建设，因地制宜地建设了一批旅游设施，包括路灯、入口村庄标志、村口标志性树木等，村内开设了一些餐馆、小卖部等服务游客的商业设施。在习氏大宗祠设立了村史馆、非物质文化遗产展示馆等旅游展示场所。

农特产品加工

村民自主经营的榨油加工间

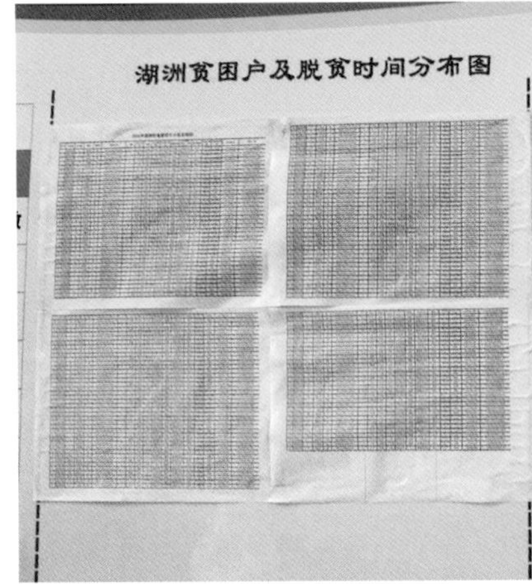

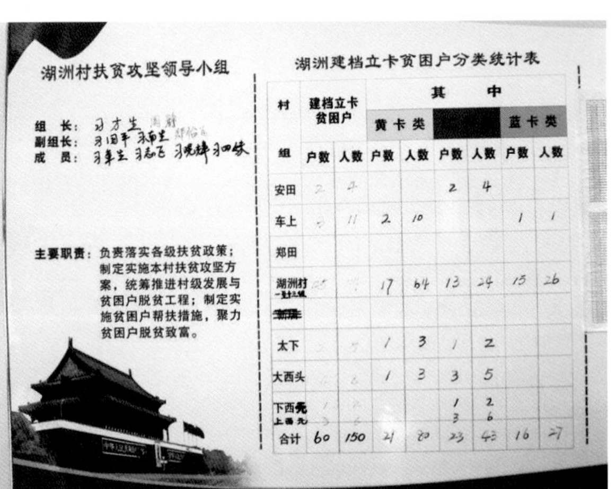

1

2

图6-6-1　村内积极培育脱贫产业
（图片来源：作者摄）

图6-6-2　村内扶贫脱困情况
（图片来源：作者摄）

6.7 村落基础设施功能提升及人居环境改善

村内实施了电线电缆隐蔽化工程和排水管线的铺设工程。村庄环境卫生设施、古村卫生状况有所改观。成立了村民卫生保洁队，对古村内的垃圾与杂物进行日常清理，增设了四处垃圾收集点和垃圾箱，增加简易公厕四处。村内实施了太阳能路灯的建设，改变了村内主要街道的照明条件。村内实施了对水塘、水渠进行疏浚，净化了河流水塘。原来村内水塘存在富营养化和生活垃圾污染的现象已经有所改善，水质清洁度大大提高。对村落东西两侧的重要历史水系进行了保护，对关键位置的水体护岸进行了加固（图6-7-1～图6-7-7）。

1

2 3

图6-7-1 电线电缆隐蔽化工程和排水管线的铺设工程施工中
（图片来源：作者摄）

图6-7-2 太阳能路灯建设
（图片来源：作者摄）

图6-7-3 垃圾箱设置
（图片来源：作者摄）

4	5
6	7

图6-7-4　村东侧水系的保护
（图片来源：作者摄）

图6-7-5　集中式垃圾收储站的建设
（图片来源：作者摄）

图6-7-6　原来村内水塘普遍存在富营养化和生活垃圾污染的现象
（图片来源：作者摄）

图6-7-7　村内水塘保护良好，水质清洁度大大提高
（图片来源：作者摄）

6.8 传统村落保护与发展资金利用

6.8.1 资金来源

目前湖洲村保护与发展的资金主要来源于江西省财政厅支持传统村落保护下发的专项资金以及村集体和村民投入的资金。其中江西省财政厅2015年第二批传统村落保护农村改革转移支付资金150万元整，江西省财政厅2015年中央财政农村节能减排资金（支持传统村落保护〈第二批〉）150万元整。

6.8.2 资金使用情况

湖洲村保护与发展资金使用的情况如下（图6-8-1）：

图6-8-1 **峡江县湖洲村省级财政支持项目进度表**

（图片来源：湖洲村委会）

吉安市峡江县水边镇湖洲村省级财政支持项目进度表样表

传统村落名称	主要任务类型	项目序号	项目名称	两年总任务	分年度任务		项目实施进度（未启动、已完成设计、完成招投标、已开工建设（注明完成工程量的%）、已竣工）	备注（是否调整）
					2015	2016		
吉安市峡江县水边镇湖洲村	文物保护修复	1-1	刁氏大宗祠修缮	完成	请专业队伍启动	完成	已完成工程量的60%	
		…						
	传统民居抢救性保护修复	2-1	民居抢救性保护修复	36栋清末古民居修复50%	动工修缮	完成5%	无资金未启动	
		2-2	刁振翎故居修缮	完成	动工修缮	完成	无资金未启动	
	传统建筑保护利用示范	3-1	科甲世第重建	恢复重建	设计图纸动工重建	完成5%	无资金未启动	
		…						
	非物质文化遗产保护利用	4-1	承恩堂修缮	完成	启动	完成	无资金未启动	
		…						
	历史环境要素修复	5-1	名木古树保护	18处名木古树立标示牌和做保护体	启动	完成	已完成	
		…						
	防灾安全保障	6-1						
		…						
	基础设施和环境改善	7-1						
		…						
	合计							

湖洲刁氏大宗祠修复项目，采用全面维修和局部复原手段，项目建设周期三年，总投资150万元整，目前修缮完成；

湖洲村沂江河道驳岸，修筑400米驳岸三个码头，建设周期两年，总投资390万元整，目前已完成；

湖洲村新桥，总投资280万元整，目前建成通车；

目前列入湖洲村省级财政支持项目计划，但是由于缺乏资金配套没有启动的项目有：传统民居抢救性保护修复项目，主要包括对于36栋清末古民居修复的项目，刁振翎故居修缮；传统建筑保护利用示范项目，主要包括科甲世第恢复重建项目；部分非物质文化遗产保护利用项目。

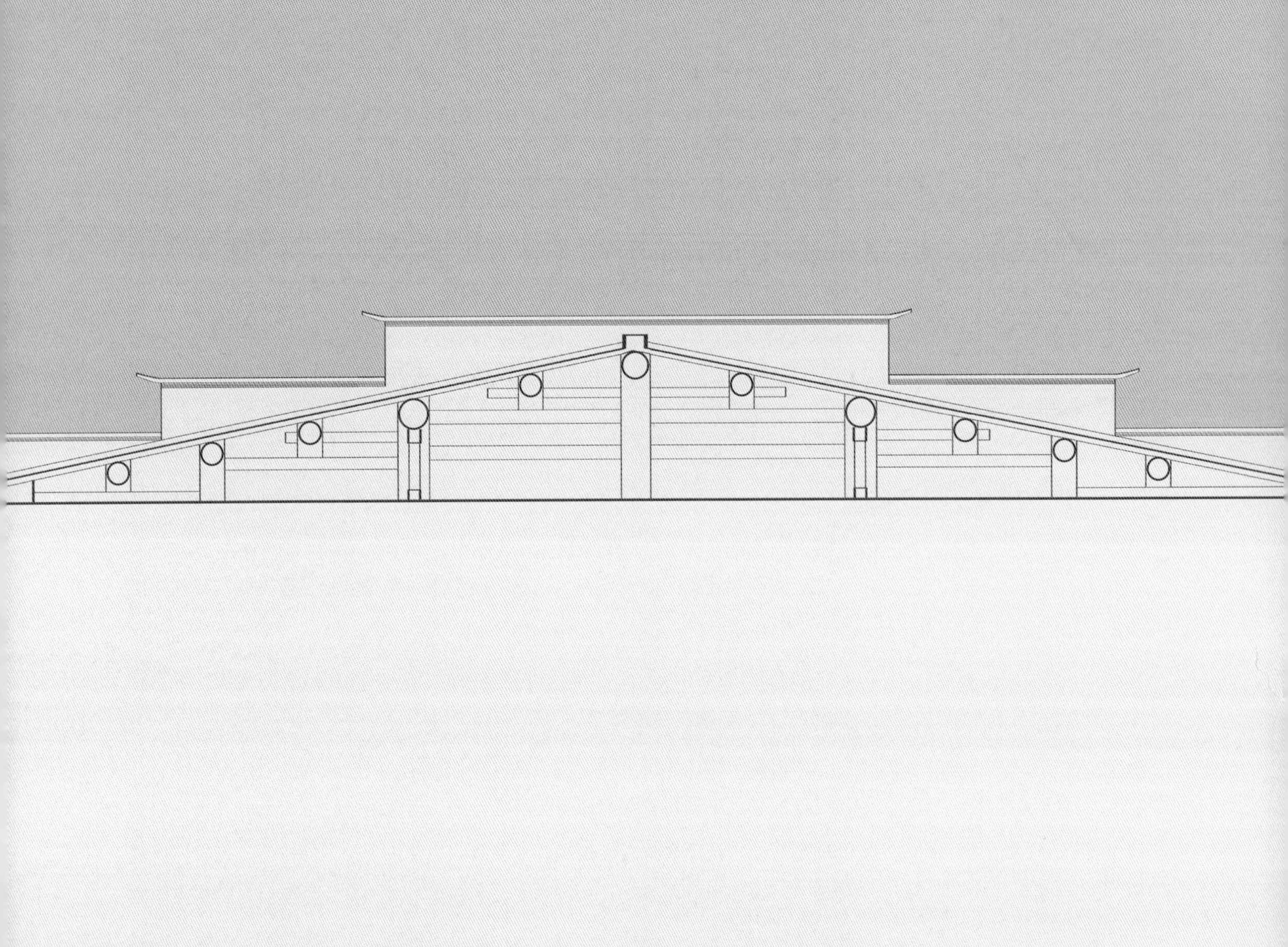

07

第7章 湖洲村传统村落保护与发展经验总结

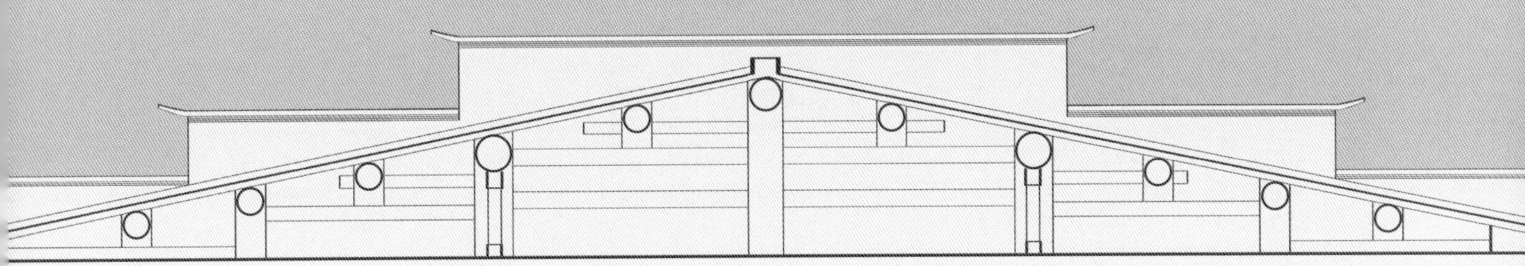

7.1 湖洲村传统村落保护与发展的经验

7.1.1 基于综合价值评估制定保护策略

价值挖掘、价值评估及特色分析，是所有历史文化名村和传统村落保护发展规划编制中最重要的研究工作，决定着保护思路、保护对象、保护重点等内容的制定。湖洲村历史文化保护规划编制同样遵循对村落价值的高度重视原则。不同的是，湖洲村历史文化保护规划与“十二五”国家科技支撑课题《传统村落保护适应性保护及利用关键技术研究与示范》（课题编号2014BAL06B01）进行了结合，根据课题中对我国传统村落价值体系构建的理论方法和研究结论，从历史价值、文化艺术价值、景观环境价值、情感价值、科学技术价值、社会经济价值几个角度对湖洲村的综合价值进行了详细梳理。使湖洲村在价值挖掘的系统性、全面性和科学性方面有了充分支撑，以此为依据制定的保护及发展策略对价值的传承与发展具有理论提升意义。并且，从我们对规划实施效果跟踪的情况看，把理论研究与编制实践结合，使规划实施取得了较好的效果，我们相信对赣中地区传统村落规划改善综合提升也会的参考作用。

7.1.2 从区域研究到样本实践的规划方法探索

对湖洲村传统的保护建立在对赣中地区传统村落选址条件、发展沿革、营建理念等的研究基础上，这样有利于更准确地把握庐陵文化特色和个性，保护方案更加符合地域文化特征。对湖洲村格局风貌的保护、村落功能优化、生态环境提升等内容具有重要的支撑和指导作用。这种把村落放到具有共性区域文化特征中的研究方法，既可以很好地观察到文化共性的空间表现，又易于甄别文化特性的个性表现，提高了保护对策的针对性，加强了技术对策的科学性。

建筑的修缮整治措施和方法同样建立在赣中地区传统建筑院落组织、平面布局、建筑技艺等的研究基础上，如在湖洲村建筑保护修缮中，通过赣中地区传统建筑特征提炼和刁氏大宗祠、文名世第宅等民宅的测绘对比，提高了修缮整治设计的准确性和可行性。最大限度地避免保护修缮方法的偏颇走形，提高了建筑修缮技术的科学严谨性。从实践反馈看，湖洲村传统建筑得到了有效修缮保护和合理利用。

7.1.3 加强传统村落人居环境和基础设施规划改造

围绕环境整治、水环境治理、绿化、垃圾处理、管线设施、消防设施、环卫设施等内容，湖洲村保护规划实施中加强了传统村落人居环境和基础设施改造提升。在滨水岸线修复、村东水体水质治理、公共厕所建设、集中式垃圾收储站建设等方面效果明显。这是我国传统村落现阶段普遍迫切的改善提升需求，这方面的探索实践具有很好的实践参考示范作用。

7.2 湖洲村传统村落保护与发展实施的不足

7.2.1 历史建筑、传统风貌建筑的保护修缮力度不足

虽然村内的文物建筑保护与修缮情况较好，但由于资金缺乏、修缮力度不足等原因，湖洲村内较多历史建筑及传统风貌建筑缺乏保护，尤其是一批建筑质量较差的历史建筑，由于缺乏及时的抢救，目前几乎损坏、坍塌。另外有一批承载古村重要历史文化价值的建筑缺乏有效的修缮，如“花门楼”等，是下一步保护工作的重点实施对象。湖洲村部分传统民居已经长期空置，加速了建筑损坏、倒塌。长期缺乏维护还导致建筑构件丢失、失火等危害。这种空心化带来的隐患同样是我国传统村落保护发展面临的普遍问题，虽然无法完全通过规划解决，但是应当在保护规划和实施中进行积极的探索，提高村落规划的实效性（图7-2-1）。

图7-2-1 资金缺乏导致部分历史建筑无钱修缮
（图片来源：作者摄）

7.2.2 基础设施有待进一步提升改善

目前，虽然村内基础设施条件改善幅度已经较大，但同经济较发达地区的传统村落相比，湖洲村道路、给排水、电力、环卫等基础设施建设仍显不足，古村内硬件环境仍未能很好满足现代化生活的需求，村民生活品质依旧需要进一步提高。例如村民烧菜做饭还有使用柴草的情况，存在安全隐患、空气污染和植被破坏等问题；部分主要道路仍为土路，雨后泥泞不堪，难以通行；村内主要车行道路虽基本完成硬化，但整体缺乏维护；部分水塘和明沟排水系统不畅，常年堵塞，仍有较大提升空间（图7-2-2、图7-2-3）。

7.2.3 规划保护措施细节不足

传统村落的保护，不应照搬其他地区的做法，不应采用千篇一律的指导方法和手段，各项规划措施应当结合古村保护的实际，采用适应性的手段来进行，突出村落特色。考虑到乡村管理能力和技术水平与城市的差距，规划中的措施应该更加详细具体，以利实施中更好地把握和贯彻规划意图。如对湖洲村西侧水体的护岸加固工程中，由于保护规划中也没有针对材料或砌筑工艺的详细说明，因此，受施工水平限制，对护岸修复没有采用原有的古村石质材质，而是改为水泥浇筑的方式，虽然保护了水岸，但丢失了地方特色和传统工艺，也失去了一处传统村落自然和谐的景观。小中见大，这些细节的不足对村落风貌保护会产生显著影响（图7-2-4、图7-2-5）。

2

3

图7-2-2 烧柴做饭带来安全隐患
（图片来源：作者摄）

图7-2-3 道路条件有待改善
（图片来源：作者摄）

4
5

图7-2-4 **原传统护岸**
（图片来源：作者摄）

图7-2-5 **滨水护岸修复措施没有采用传统方式**
（图片来源：作者摄）

参考文献

［1］楼庆西．中国古村落：困境与生机——乡土建筑的价值及其保护［J］．中国文化遗产，2007（02）：12.

［2］张兵．城乡历史文化聚落——文化遗产区域整体保护的新类型［J］．城市规划学刊，2015（06）：6.

［3］许家伟．乡村聚落空间结构的演变与驱动机理——基于长时段视角对河南省巩义市的考察［D］．河南大学，2015：13.

［4］刘晓星．中国传统聚落形态的有机演进途径及其启示［J］．城市规划学刊，2007，3：55-60.

［5］孔祥武．警惕古村落的“建设性破坏”［N］．农民日报，2016.5.13（005），版名：文化生活周刊，版号：005分类号：K878.

［6］“江西7市县因这件事做得好被中央表彰有你家乡吗?”［N］．江南都市报2017.09.14.

［7］钟乐．江西风景名胜区村落景观风貌的保护与发展［D］．江西农业大学，2011：32.

［8］高玄．山地、丘陵、平原的次地貌划分引子地貌形态的主客分类法［J］．山地学报，2004，5（22）：261-266.（中国地质局基金项目，编号20021300002）.

［9］中国传统聚落形态的有机演进途径及其启示［J］．城市规划学刊，2007（3）：57.

［10］孙晓山．充分发挥江西省的水资源优势［J］．中国水利，2014，12：9-12.

［11］文化部办公厅关于协助编好《中国家谱总目》的通知，2001.2.7.

［12］魏成，苗凯，肖大威，王璐．中国传统村落基础设施特征区划及其保护思考［J］．现代城市研究，2017（11）：4.

［13］许建和，王军，梁智尧，等．传统村落人居环境实测与分析——以湘南地区上甘棠古村落为例［J］．四川建筑科学研究，2010，36（4）257.

［14］葛剑雄，等．简明中国移民史［M］．福州：福建人民出版社．

［15］陆鼎元．中国传统民居与文化［M］．北京：中国建筑工业出版社，1991.

后记

本书是在“十二五”国家科技支撑课题《传统村落规划改造及功能提升技术集成与示范》(课题编号2014BAL06B05)基础上完成的。该课题主要针对我国闽中地区、川渝地区、东北地区、徽州地区、赣中地区及云南等多个文化特征鲜明地区的传统村落保护技术进行集成示范。本书着手时，并没有充分的成书计划和准备，原本的目标只是完成课题研究任务。由于课题中的集成示范区域几乎涉及了全国传统村落集中分布的主要区域，课题组经过多次交流和讨论，感觉这些地区的研究成果对于我国全国典型地区传统村落的保护规划实践具有很好的参考意义，丛书计划因此提出，子课题“赣中地区传统村落保护规划示范”的承担成员也就此成为此书的编写人员。

本书的案例选取了《江西省峡江县湖洲历史文化名村保护规划》。为了符合本套丛书为我国传统村落保护规划提供参考示范的要求，编写中尽量遵循了《江西省峡江县湖洲历史文化名村保护规划》体例和主要内容，特别是对于保护方法、建筑修缮、人居环境改善等传统村落普遍亟需解决的问题。另外对农民就业增收、旅游产业发展等难题着重加强，但对人口规模估算、交通组织等易于把握的内容做了简化。保护规划完成后，我们并没有就此结束，而是一直持续性地关注湖洲村的规划实施，2014年至2017年间，我们多次返回湖洲村给予服务和辅导，与湖洲村的村委会和村民成了“熟人”和“朋友”，并因此得到他们的信任和欢迎。而作为规划编制和书稿编写成员能够为传统村落保护扎实落地做出努力并有收获也让我们感到非常高兴和欣慰，这也给我们编写此书以不小的鼓励。

书稿完成之时，虽然如释重负，但并没有很强的满足感，相反，回读书稿时总觉得还有很多不足的地方。例如，关于赣中地区传统村落文化特征的研究还不够深入；书中的案例也没有做到全部实地考察，引证或分析可能有失偏颇。此外，部分案例来自传统村落申报材料，尚不是严格意义的中国传统村落；对于保护规划案例的编写虽然保持了规划编制的“原真性”，但自我感觉技术文本特征突出，总结示范性表达还有不足，这算是遗憾，也算是本书编写的经验总结吧。

《江西省峡江县湖洲历史文化名村保护规划》的编制成员包括中国城市规划设计研究院杨开、钱川、张帆、赵霞、宋增文、周之聪、周辉等。规划成果中的建筑测绘由江西师大城市规划设计研究院配合完成。城市规划学术信息中心徐辉和耿艳妍等给予大力支持，虽然他们没有直接参与书稿的编写，但在江西省传统村落资料准备方面给予了很大帮助，使书稿得以充实。

在此过程中，杨开、王玲玲、杜莹、闫江东、张涵予、张风梅、李陶等人多次参加了湖洲村保护规划的回访指导、实施服务和展示宣传工作。鞠德东在人员和时间保障等方面给予极大支持。此外，书中关于传统村落价值的有关研究结论来自“十二五”科技支撑《传统村落保护适应性保护及利用关键技术研究与示范》课题，郝之颖、杨开、王玲玲、张帆、杜莹、钱川、王军等是课题相关内容核心攻关人员，张兵为课题负责人。

本书各章编写人员是：第1章、第2章郝之颖；第3章至第7章钱川；王军参与第1章、第2章部分内容编写；杨开完成第3章至第7章中大量相关图纸绘制和照片提供；中规院（北京）规划设计公司的王美伦和秦婧帮助完成部分数据分析和书稿编辑；郝之颖最终统稿。

本书每位参编人员都是在承担着规划生产任务和住建部研究任务等非常忙碌的情况下，挤出休息时间或加班完成的。每当需要文字修改或资料补充时，大家都能够及时认真完成，这当中包含了他们对本书的极大支持和认真治学的态度，让我非常感动。在此，对为书稿付出辛苦和提供支持的所有人员，一并表示真诚的感谢！

限于水平有限，书中不足之处敬请批评指正。

图书在版编目（CIP）数据

赣中地区传统村落规划改善和功能提升——湖洲村传统村落保护与发展／郝之颖等编著．—北京：中国建筑工业出版社，2018.9
（中国传统村落保护与发展系列丛书）
ISBN 978-7-112-22595-8

Ⅰ．①赣… Ⅱ．①郝… Ⅲ．①村落－乡村规划－江西
Ⅳ．①TU982.295.6

中国版本图书馆CIP数据核字（2018）第200012号

本书从我国传统村落保护与发展的全局视角入手，梳理了工作背景、已有制度及问题。针对赣中地区传统村落，从保护对象界定、形成机制、选址理念、格局肌理角度进行了梳理，得出赣中地区传统村落的历史文化价值特征及主要困境。以湖洲村作为代表性案例进行详细研究，从价值特色、遗产保护、功能提升等角度提出具体保护发展对策。对案例的实施情况进行了规划评估、管理反馈和提升总结，从而为赣中地区的传统村落保护与发展提出可借鉴的经验。本书适用于建筑学、城乡规划等专业的学者、专家、师生，以及所有对传统建筑、村镇建设感兴趣的人士阅读。

责任编辑：孙　硕　胡永旭　唐　旭　吴　绫　张　华　李东禧
版式设计：锋尚设计
责任校对：芦欣甜

中国传统村落保护与发展系列丛书
赣中地区传统村落规划改善和功能提升
——湖洲村传统村落保护与发展
郝之颖　钱　川　王　军　等编著
*
中国建筑工业出版社出版、发行（北京海淀三里河路9号）
各地新华书店、建筑书店经销
北京锋尚制版有限公司制版
北京富诚彩色印刷有限公司印刷
*
开本：880×1230毫米　1/16　印张：12½　字数：265千字
2018年12月第一版　2018年12月第一次印刷
定价：148.00元
ISBN 978－7－112－22595－8
（32658）